JN085838

研心 坂下勝美の包丁

唯一無二の研ぎの技術、新たな包丁理論の提言

庖刄工芸士・坂下勝美

坂下勝美

研ぎおろした包丁

刺身包丁
（刃渡り・約39㎝）

牛刀を研ぎおろして作った包丁
※解説147P

刺身包丁
（刃渡り・約27㎝）

出刃包丁
（刃渡り・約24㎝）

着物の帯で作った入れ物

※解説145P

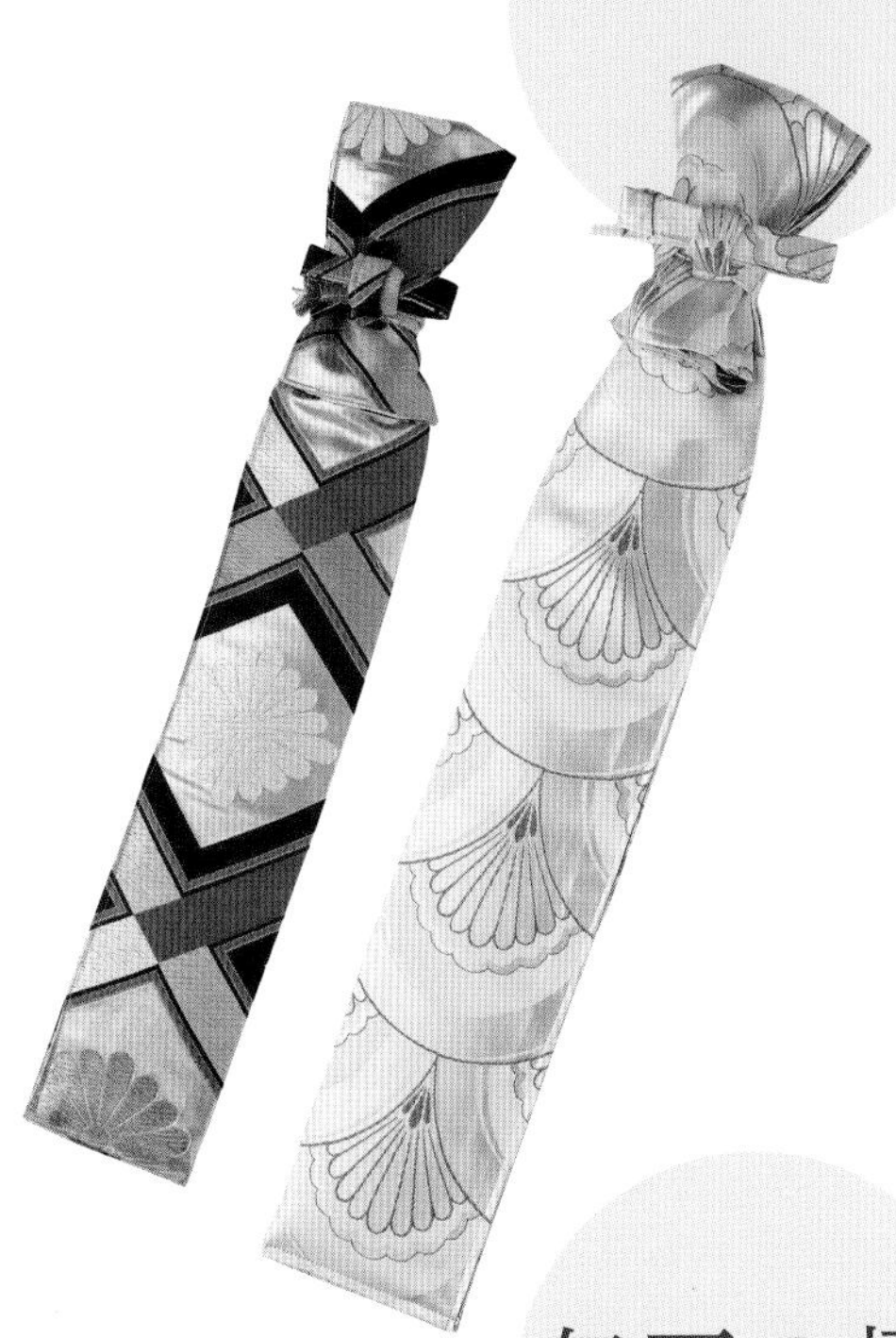

包丁の柄

※解説142P

包丁を研ぐ道具

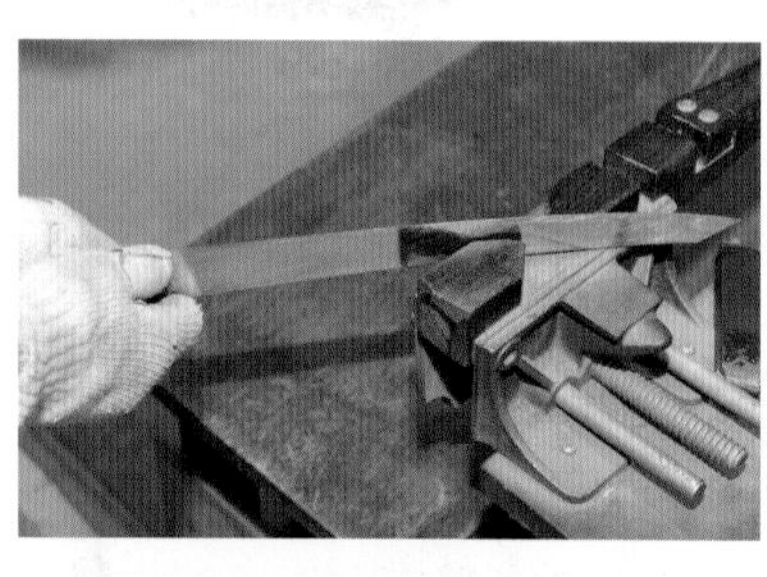

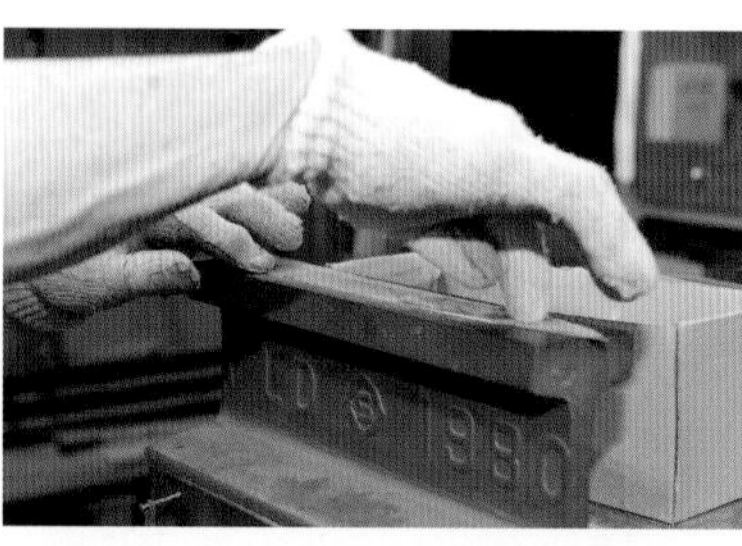

反りを直す道具

機械砥石と研磨布

研ぎ

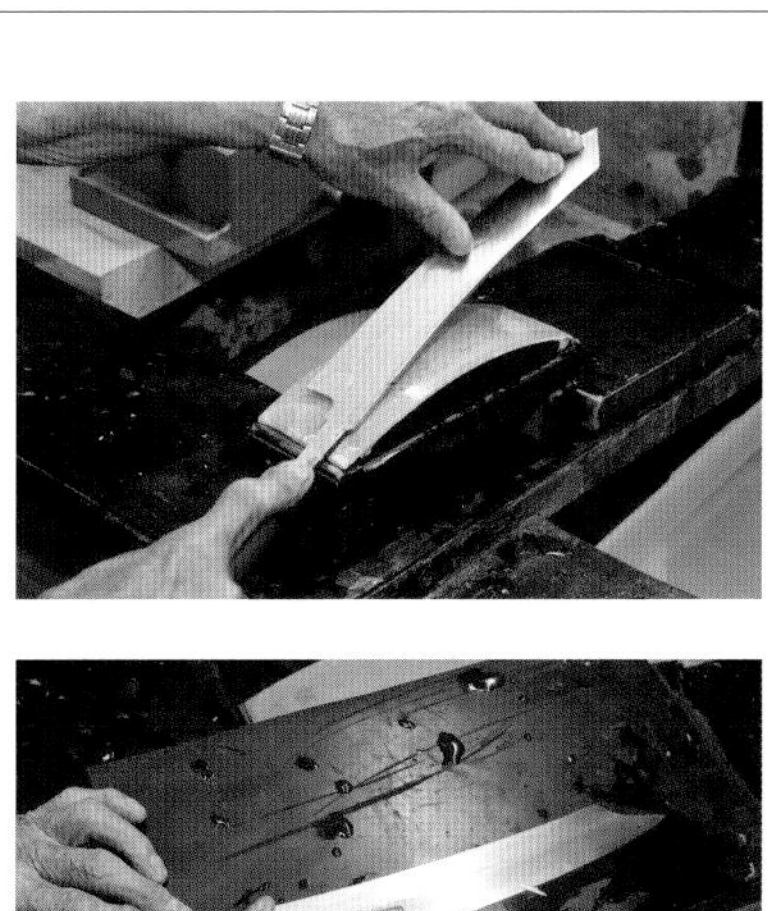

山なり砥石

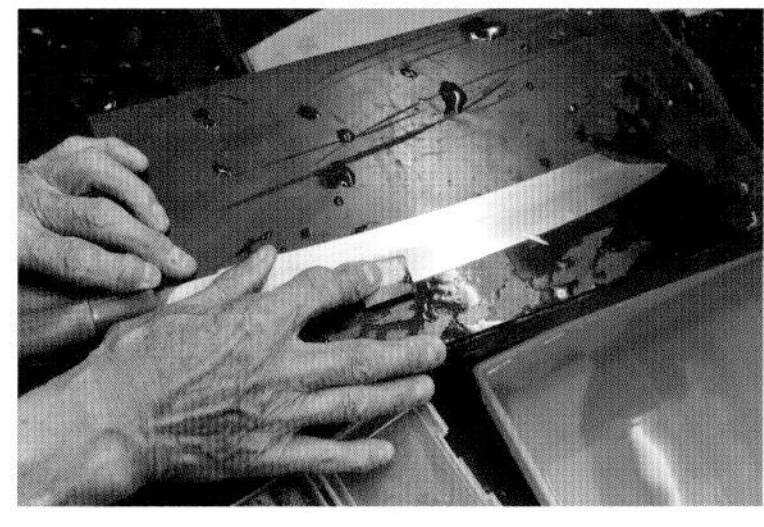

ダイヤモンドペーパー

天然砥石

包丁を固定して研ぐ時の砥石のかけらとダイヤモンドペーパー（解説120P）

合わせ包丁の文様の技（解説138P）

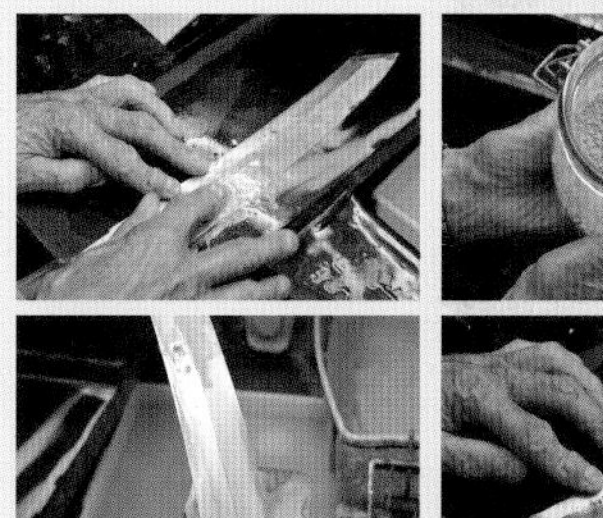

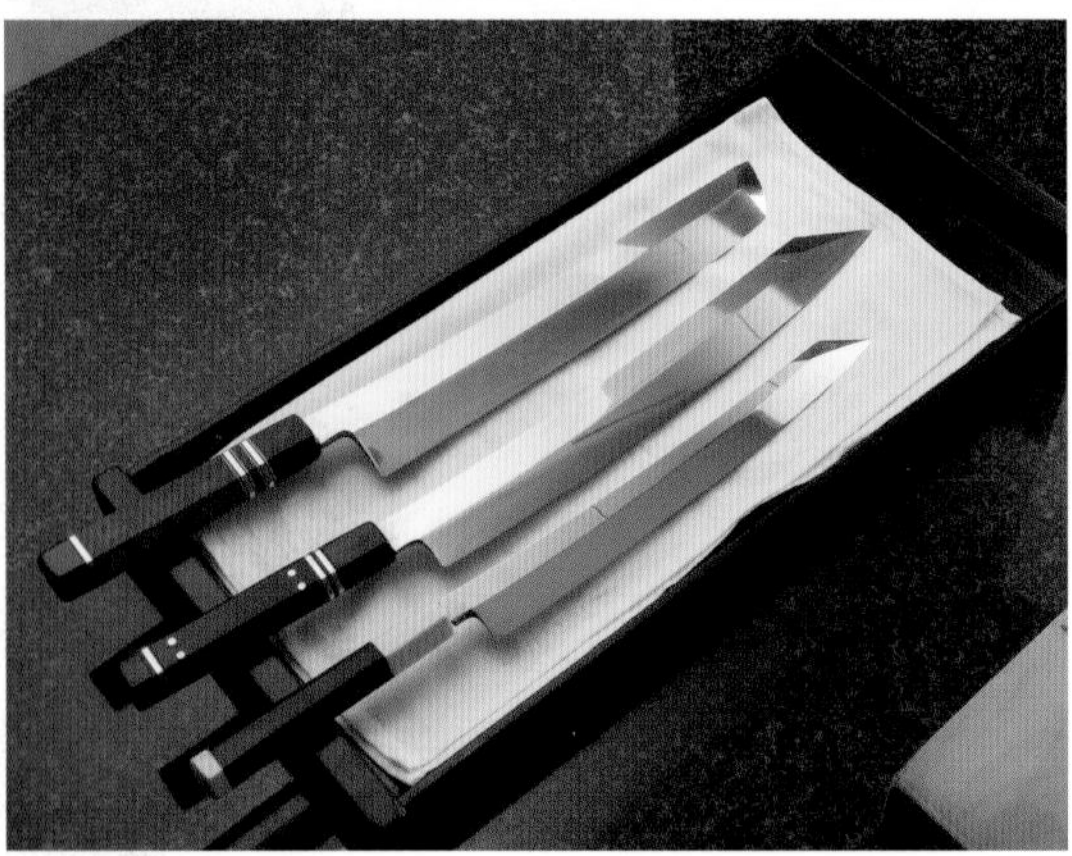

■撮影協力
東京・銀座「六雁」
総料理長・秋山能久氏

「六雁」の秋山氏は、坂下氏が研いだ刺身包丁とハモ切り包丁を愛用。刺身包丁は１尺１寸（約33㎝）と１尺３寸（約39㎝）の2本を所有。

研心　坂下勝美の包丁［目次］

第二章

「理想とする包丁」を探求——。唯一無二の研ぎの技術に辿り着く …… 41

研ぎの工程

第三章

第四章

はじめに

世の中には様々な職業があります。その中に、「包丁研ぎ」という職業があることを知っている方は、どれくらい、いらっしゃるでしょうか。年配の方であれば、「昔、町の研ぎ屋さんに包丁を研いでもらったことがある」という経験があるかもしれませんが、若い人の多くは包丁研ぎという職業があることも知らないのではないかと思います。

それくらい、地味な職業が包丁研ぎですが、そのことについて、とやかく言うつもりはありません。包丁研ぎの他にも、地味と言われる職業は多くあります。地味な職業であっても、誇りを持って自身の仕事に日々励んでいる人たちはたくさんいますし、私もその一人です。

ただ、包丁は人々の生活に欠かせない大事な調理道具です。にもかかわらず、包丁や研ぎについて語られることがあまりにも少ない…。そのことは残念に思ってきたので、今回、こうして研ぎの技術や理論について語ることができる本を出版させていただけることに、とても感謝しています。本書は料理人の方々に向けて書いた内容が多くなっていますが、一般の方々にも手にとっていただき、「普段、当たり前に使っている包丁が、こんなにも奥深いものである」ということを知っていただく機会になれば嬉しい限りです。

一方、料理人の方々にとっては、包丁は大事な商売道具です。それぞれに包丁に対する思い入れがあるかと思います。包丁の選び方や研ぎ方について、一家言を持っている方が多いことでしょう。

そうした料理人の方々にとって、私が本書でお話する研ぎの技術や包丁理論は、驚くような内容かもしれません。私が行っている「研ぎおろし」と呼んでいる仕事自体が珍しいものですし、「研ぐな、減らすな」に象徴される私の包丁理論は常識を覆すような考え方だからです。私の元を訪れた料理人の方々が決まって口にするのも、「包丁に対する考え方が180度変わった。これまで自分がやってきたことは何だったのだろう」という言葉です。

私はこの世界に入って50年以上が経ち、手掛けた包丁は20万本以上になりますが、これまでほとんど独学でやってきました。包丁について色々と教わった恩人は何人かいますが、いわゆる師匠の元で学んだ職人ではありません。文字通り、独学でやってきた私の技術や理論が、100%正しいとは断言できません。

それでも、「より切れる包丁にするには、どうすれば良いのか」、「切れ味を長く持続させるにはどうすれば良いのか」を、私ほど長い間、日々考え続け、探求してきた人間は他にそうはいないと自負しています。その結果として、名だたる料理人の方々に、「坂下の包丁は切れ味が違う。しかも、切れ止まない」と認めてもらえたことも自信になり、こうして本書を出版するまでに至りました。私の研ぎの技術や包丁理論を、料理人の方々に今一度、包丁について考えるきっかけにしてもらえればと思っています。

私は、「研ぐ」「心」と書く「研心」という言葉を使っています。包丁は素材や形状の微妙な違いによって研ぎ方も変わり、一本一本に心を砕いてこそ、良い包丁に仕上がります。「美しく研ぐ気持ちはすべてに勝る」。「研心」と自分の名前の「勝美」を組み合わせた「勝美研心」には、そんな思いも込めています。

また、私は「包丁」を「庖刄」という漢字で表現します。「刄」という漢字は、「刀」や「刃」とは違って「人」のような字画があり、「庖」=「厨房(台所)」で人が使う刃物である包丁を、他の刃物と区別するのに「庖刄」という漢字がしっくりするからです。自らを「庖刄工芸士」と呼び、この仕事に邁進してきました。

もしかしたら私の話は、80歳も近い高齢の職人ならではの堅物な感じがあるかもしれませんが、根はいたって明るい性分だと自分では思っています。いろんな人たちと話しをするのが大好きな人間です。今も自分が手掛ける包丁をより進化させるためにチャレンジを続けています。そんな私の話に、最後までお付き合いいただければ幸いです。

本書で使用している「包丁の各部名称」

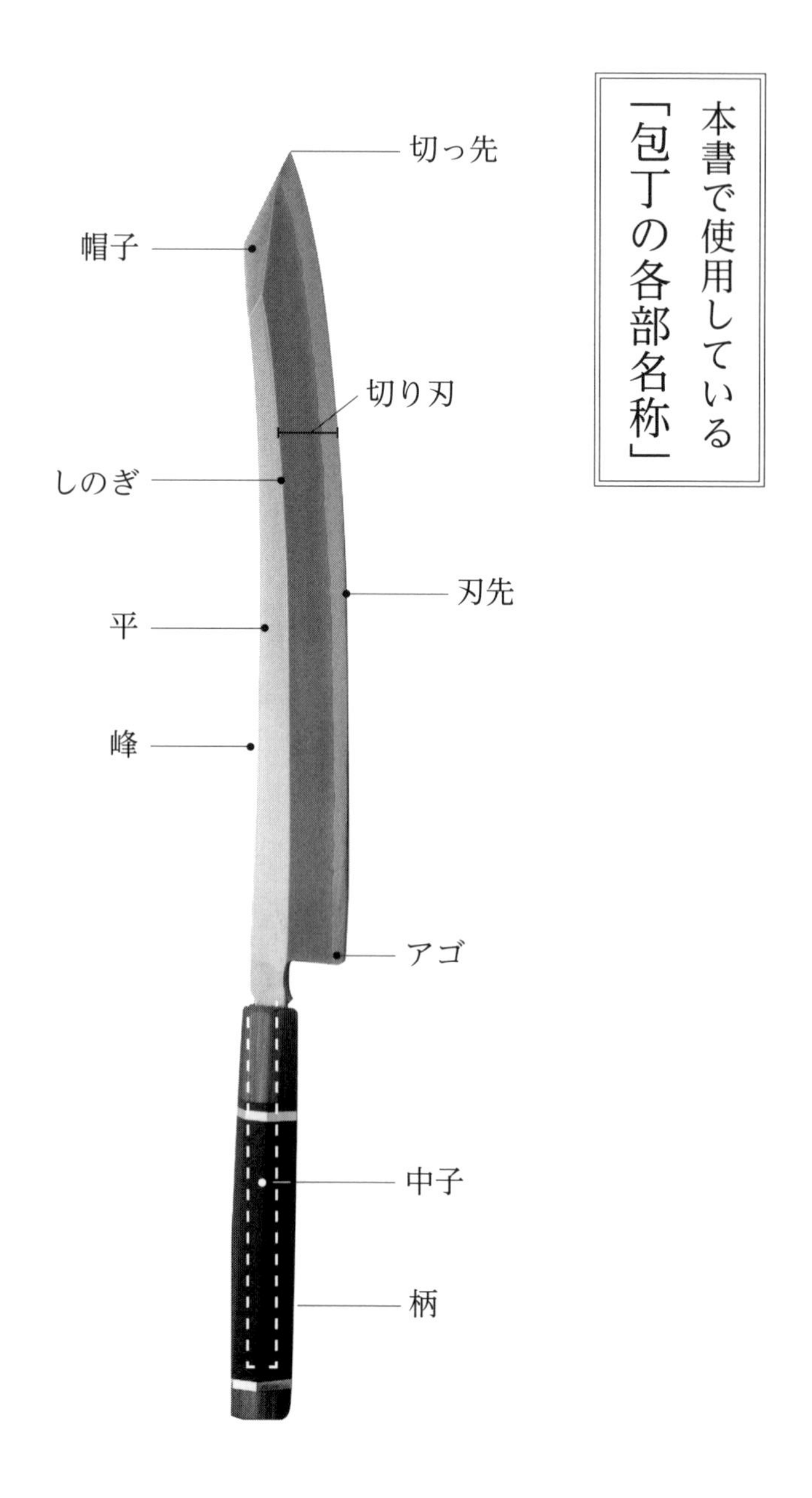

第一章

包丁と向き合い続けて50年以上「伝説の研ぎ職人」と呼ばれるまで

挑戦し続けてきたことが今につながった

自分で言葉にするのは少し照れくさくもありますが、私は「伝説の研ぎ職人」と呼ばれているそうです。昭和18年（1943年）生まれで80歳も近い高齢であること、東京や大阪の人からすると遠い田舎である佐賀のみやき町にいることなどが理由だとは思いますが、おかげさまで現在は、名だたる有名料理店の料理長を始めとした多くの料理人の方々に、私が研いだ包丁を使っていただいています。

2019年には、NHKの「プロフェッショナル 仕事の流儀」で私の人生や研ぎの技術について紹介していただき、ものすごい反響がありました。2020年には佐賀県の「県民みんなの表彰式」で「佐賀さいこう！魅力発信特別賞」も受賞させていただきました。この歳になって皆様から注目されるようになったことに、誰よりも私自身が一番驚いています。

そして、気づけば、「坂下の包丁は予約が400本待ち」という状況になっていました。「400本待ち」になっているのは、たくさんのお客様を待たせているということなので、決して褒められた話ではないのですが、「坂下の包丁を使いたい」と言ってくれる人が、こんなにも多くいることは素直に嬉しいですし、励みにもなっています。

２０１９年には、「第一回 世界料理学会 東京 ｉｎ 豊洲」にも呼んでいただきました。福岡などでも、包丁についての講演をさせていただきました。そうした中で、若い料理人から「坂下さんをリスペクトしている」などと言われると、人から敬意を示されることの喜びも改めて実感します。

というのも、私は研ぎの仕事に誇りを持ち、自分なりに努力してきましたが、職業としては「下」に見られることが常でした。同級生から、「町で会っても話かけないで欲しい。そんな仕事をしている人に話かけられるのは人の目が気になって恥ずかしい」と言われたこともあります。営業のためにネクタイを締めて出向いたら、「包丁屋がネクタイをしている」と笑われたこともありました。リスペクトとは真逆の扱いを受けることが多かったのです。

本当に悔しくて仕方ありませんでしたが、同時に、それが現実…というあきらめのようなものを感じることもありました。いくら努力しても、人様に認めてもらえる日は来ないのではないかという不安にもさいなまれました。

そんな経験をしてきたので、テレビに出させてもらったり、多くの料理人の方々から敬意を示してもらえる今の状況が、にわかには信じられない、夢でも見ているような感覚もあるのです。

ただ、このように状況が大きく変わっても、私がやろうとしていることは、ある意味、昔も今も変わっていません。「もっと切れる包丁にするには、どうすれば良いのか」、「もっと切れ味を長く持続させるには、どうすれば良いのか」、「もっと料理人が使いやすい包丁にするには、どうすれば良いのか」、「もっと時代にマッチした包丁にするには、どうすれば良いのか」…と考えを巡らせ、「もっと良くできる方法」を探し続けているのは昔も今も同じです。

「もっと良くできる方法」がなかなか見つからず、何度も大きな壁にぶち当たってきましたが、今よりも先に進みたいという情熱だけは常に持ち続けて、何とかここまでやってきました。

「自分の仕事が人にどう見られていようが関係ない。大事なのは自分が挑戦し続けていること」。そうした思いで一歩一歩、前に進んできたことが、結果として今につながったのかもしれません。

第一回世界料理学会 東京 in 豊洲 2019

偶然のようで運命も感じる研ぎの仕事

私がこの世界に入ったのは昭和42年（1967年）、24歳の時です。元々は兵庫県の尼崎にある製鉄会社に就職しましたが、病気をして実家の佐賀のみやき町に戻り、研ぎの世界に入ったのです。

きっかけは、包丁研ぎの機械で特許を取った人が地元にいることを新聞で知ったことでした。その時、なぜかピンときたのです。この機械を売る仕事は「面白いかもしれない」と。普通、営業の仕事は先輩がいます。しかし、この機械は新しいものなので営業の先輩がいない。しかも、会社に入社するのではなく、個人事業主として販売する形態でした。何か人と違うことをしたいと考えていた自分は、この仕事に「未知の世界」を感じて、「面白いかもしれない」と思ったのです。

こうして包丁研ぎの機械を売ることになりましたが、営業するには自分が使い方を覚えなければなりません。何人かで使い方を教わったのですが、その際に特許を取った人から「坂下くんが研いだ包丁は他の人と違うな」と言われたのです。何が違うかというと、他の人よりも、包丁の「しのぎ」の線がきれいに出ていたのです。特許を取った人もすぐには理由が分からなかったようですが、よく考えてみると、私は中高で野球をやっていて、背が低くても他の人に勝つために肩や手首を鍛えていました。手首が強いおかげで、包丁の角度がしっかりと固定されて、しのぎの線がきれいに出ていたのです。それが自信になって、この仕事をやっていこうという決意がより固まりました。

このように私が研ぎの世界に入ったのは、本当に偶然です。それでも野球で鍛えた手首が研ぎに生かされたように、これまでを振り返ると、いろんなことがすべて線でつながっている運命のようなものも感じます。

最初に就職した製鉄会社での経験もそうです。製鉄会社では、当時、新しく出来た薄板工場にも勤務したのですが、この工場では電機部門にいました。電気部門にいると、仕入れた鉄板を酸洗いした後に機械で薄く伸ばし、伸ばしたものを焼き入れする…といった仕入れから出荷までの工程をすべて見ることができたのです。後で振り返ると、この薄板工場で「鉄」がどういうものであるのかを知ったことが、包丁の「鋼(はがね)」や「ステンレス鋼(こう)」について勉強する際にも役立ちました。

また、運命という意味では、極めつけのエピソードもあります。製鉄会社に勤務時代、たまたま同僚と一緒に占い師に占ってもらったことがあるのですが、その時、「あなたは料理に関係する仕事をするようになる」と言われたのです。

当時は正直、まったくピンときませんでしたが、その後、実際に料理と密接に関係している包丁の仕事に人生を懸けることになったのですから不思議なものです。そんなエピソードもあったので、自分にとって研ぎの仕事は、文字通り、天職なのかもしれないと思ったりもします。

水産加工場のおばちゃんたちが私の師匠

私は包丁研ぎの機械を売る仕事からスタートし、その後に角砥石（一般に「砥石」と呼ばれているもの）の販売も手掛け、それから研ぎの仕事一本へと移っていきました。

最初から、研ぎの仕事一本ではなかったわけですが、機械にしても角砥石にしても、それを売るには自分が研ぎ方を教える必要があります。教えるだけでなく、切れなくなった包丁を研いで欲しいと頼まれたり、自分が研いだ包丁を販売することも増えていきました。そうして私は、研ぎの世界に魅了されることになったのです。

なぜ、魅了されたのか。一言で言えば、研ぎの世界は「分からないことだらけ」だったからです。

機械の砥石や角砥石を売るために、九州一円の水産加工場や畜場、畳工場など、刃物を使用するあらゆる場所を転々としたのですが、研ぎの世界に入ったばかりの頃の私は、包丁のほの字も分かっていませんでした。包丁のことが分かっていない自分は、行く先々で難題に出くわすことになったのです。元々の凝り性な性格も理由かもしれませんが、次々に直面する難題に立ち向かうことを繰り返していくうちに、研ぎの奥深さにどんどん魅了されていきました。

中でも、私が研ぎの奥深さを知るきっかけを作ってくれたのが、最初に出向いた水産加工場で働いているおばちゃんたちでした。「あなたが研いだ包丁は、最初はよく切れるけど、すぐに切れなくなる」。そう言われたことを、今でもよく覚えています。私が包丁のことを分かっていなかったので、おばちゃんたちにはよく怒られましたが、何でも本音で言ってくれたので、そこから得るものが多くありました。水産加工場のおばちゃんたちは、私の師匠みたいなものです。

また、水産加工場や畜場、畳工場などを転々とする中で、言ってみれば私は、お医者さんが使うメス以外のあらゆる刃物と向き合う機会を得ました。日本伝統の刃物と言えば武士が使っていた刀なので、刀についても色々と勉強しました。

そうした中で、「刃物が違えば、研ぎ方も変わる」ことの基本や理屈を学んだことが、私のベースになっています。「刀には刀の、大工道具には大工道具の研ぎ方がある。ならば、包丁により適した研ぎ方とは」ということを、長い年月をかけて探求し、辿り着いたのが私の研ぎの技術や包丁理論です。

ブロイラーで知ったカエリの対処の大切さ

水産加工場の他にも、行く先々で研ぎの奥深さを知ることになりましたが、中でも特に思い出深く、私の研ぎの技術につながった三つの話を紹介したいと思います。

一つめは、水産加工場の次に行ったブロイラー（鶏）のと畜場での話です。ここでも「すぐ切れなくなる」と怒られたのですが、その大きな原因は「カエリ」の出方にありました。

料理人の方であればご存じのように、カエリは、刃物でものを切った時や、刃物を研いだ時に刃先の部分が反対側にめくれる感じでできるささくれのようなものです。目で見ても分からない小さなささくれで、しかも、カエリによって切れ味が鈍ってしまうので、刃物にとって厄介なのがカエリです。

ブロイラーのと畜場で「切れなくなる」と怒られた時、すぐにはカエリの出方が原因であるとは分かりませんでした。ブロイラーを捌く刃物の研ぎには「やすり棒」が使われていたのですが、そのカエリの出方が砥石で研ぐのとは理屈が違っていたからです。それが分かるまでに、かなりの時間を要しましたが、そのおかげで、刃物の切れ味を持続するには、カエリの対処が非常に大切であることを知ることができました。

私は料理人の方々が使っている包丁の維持管理においても、最も重要なポイントの一つがカエリの対処にあると考えており、それについては後で詳しくお話ししたいと思います。

難題に直面して「空気の通り道」を作った

二つめはホテルでの話で、フランスパンで作ったサンドイッチを切るための包丁でした。何枚も重ねたフランスパンと具材が、スッときれいに切れる包丁が欲しいと言われたのです。

しかも、切る時に、パンを上から強く押さえなくても良いようにして欲しいと言われました。パンを上から強く押さえた方が切りやすいのですが、指の後が残ってお客様に出せないからダメだというのです。これも当時の私には、かなりの難題でした。重ねたフランスパンの枚数が増えると、どうしても途中でグチャッとなってしまうのです。

この難題を解決するポイントになったのが、「空気の通り道」でした。包丁に「空気の通り道」ができるように研ぐことで、切った時に摩擦が起こりにくくし、スッときれいに切れるようにしたのです。今も包丁の刃先としのぎの間に、見た目では分からない程度の凹みで「空気の通り道」を作るのが、私の研ぎ方の大きな特徴になっていますが、これも様々な難題に直面する中で自然と身につけていった技術です。

そして、三つめは、「包丁の錆(さび)」という難題に悪戦苦闘する中で、ダイヤモンドペーパーを使うようになった話です。鋼の包丁は、どうしても錆びます。包丁が錆びるのは私のせいではないのですが、「すぐに錆びてしまう」と言われるのが悔しくて、少しでも錆びにくい包丁にするために、あれこれと試したのです。

まず、錆びないようにするには、できるだけ目が細かい砥石で仕上げた方が良いだろうということで試しましたが、なかなか思うように行かない。そこで、ビニローゼというものを塗ることで錆びるのを防ごうとしたのですが、すると包丁の滑りが悪くなって切れ味が鈍る。だったら、どうすれば良いのかということで、耐水ペーパーで仕上げるようにしてみたのですが、耐水ペーパーはすぐ破けて長持ちしない。そうして使うようになったのがダイヤモンドペーパーでした。

結果的に、このダイヤモンドペーパーは、より美しく包丁を仕上げるために、その後もずっと使い続けることになりました。研ぎの仕上げには目の細かい砥石を使いますが、それでも包丁の表面には小さな傷がつきます。その傷をさらに小さくするためにダイヤモンドペーパーでも磨き、より光沢のあるきれいな仕上がりにしているのです。

研ぎの技術において最も大事な仕事道具は、もちろん砥石ですが、包丁の切れ味だけでなく美しさも追及する中で、ダイヤモンドペーパーも私にとって欠かせない道具の一つになっています。

自身を大きく成長させてくれた堺での経験

私のこれまでの歩みを振り返ると、いくつかの転機がありました。最近で言えば、テレビに出て、少しばかり有名になったこともそうかもしれませんが、私の研ぎ職人としてのキャリアで言えば、昭和52年（1977年）、34歳の時に、刃物の産地として有名な大阪の堺に行ったのが最初の転機です。

それ以前も、砥石の勉強のために兵庫の播州三木に行くなどしていましたが、刃物のことをもっと知りたいと考えて堺に行き、そこで学んだことが、研ぎ職人としての私を大きく成長させてくれたのです。

和包丁の製造工程には、主に「鍛冶」と「刃付け」があります。大まかに説明すると、包丁の材料を熱しながら叩いてのばし、一度冷ます「焼きなまし」の後、硬度を上げる「焼き入れ」や「焼き戻し」を行うのが「鍛冶」、回転式の機械砥石などを使って包丁の形状に研いでいくのが「刃付け」です。私はこうした製造工程の一つ一つを堺で学び直し、使用される材料や、鍛冶や刃付けの技術の違いによって、包丁の品質にどのように差が出るのかを学んだのです。

ただし、堺の鍛冶屋を訪ねて職人さんに会っても、教わるのにはかなり苦労しました。職人さんたちは、自身の熟練の技について、他人にペラペラと話すようなことはしません。佐賀から来たよそ者には、教えたくないという気持ちもあったのでしょう。知りたければ目で見て盗むしかなく、時々話してくれる内容についても意味を理解するのに何年もかかったりしましたが、この堺での経験を通して、包丁のほの字も知らなかった自分を卒業できたように思います。

やはり、何事も基本を知らなければ先に進めません。私も堺で包丁の基本を学ぶことで、その先の自分独自の研ぎ方へと進むことができたのです。

私は使う側から作る側へと「逆走」した職人

私が堺で様々な鍛冶屋や金物屋と交流を持つことができたのは、角野恭三さんという恩人との出会いがあったからです。角野さんは問屋業をしていて顔が広く、堺のリーダー的な存在でした。「鍛冶について知りたいなら、あそこを紹介するよ」という感じで、堺の右も左も分かっていない私に良くしてくれたのです。残念なことに角野さんは、昭和60年（1985年）の日航機墜落事故で亡くなられてしまったのですが、私は当時の恩を決して忘れることはありません。

また、角野さんは、私に良くしてくれる理由を、みんなの前でこんな風に語っていました。「我々は作る側の人間だけど、坂下は使う側の人間。作る側の人間も、使う側の人間の話を聞いた方がいいから、坂下を大事にしとけよ」と。どういうことかというと、作る側は決して自己満足にならず、使う側の声にも耳を傾けた方が良いことを、角野さんはよく分かっていたのです。

私は水産加工場やと畜場、畳工場などを転々とする中で、使う側の悩みや要望、時には理不尽な文句を、それこそ嫌というほど聞いてきました。そうやって使う側の声を受け止めながら包丁と向き合っている自分を、角野さんは貴重な存在だと考えてくれたのです。
それによって、私も「はっ」とするような気づきがありました。私は使う側から作る側へと「逆走」する形で腕を磨いていった職人であり、それが自身の強みであることに気づくことができたのです。

「料理人が求める包丁」ならではの奥深さを探求

堺に行った後も、しばらくは九州一円の水産加工場や畜場をまわっていましたが、肉屋さんや魚屋さんを通して、料理人の方々と出会う機会も増えていきました。料理人の方々の話を聞き、「料理人が求める包丁」について学んでいく中で、私はますます研ぎの世界に魅了されていくことになります。

日本料理は、例えば、刺身を切り付けることを「切る」とは言わず、「引く」という言葉を使うことからも分かるように、包丁の仕事が繊細です。繊細である分、「料理人が求める包丁」ならではの奥深さがあります。それを探求していくうちに、私の仕事はプロの料理人が使う包丁がメインになっていったのです。

平成元年（1989年）、46歳の時には今の工房を作り、九州一円の飲食店をまわるようになりました。飲食店においても、とにかく使い手の声を聞き、それに応える形で研ぎの技を磨きました。地道なやり方ではありましたが、それを続けているうちに、高級料亭からファミリーレストランまで、九州一円の様々な飲食店とお付き合いさせていただけるようになったのです。

ただ、当時は、現在のように全国各地の料理人の方々とお付き合いできる日が来るとは夢にも思っていませんでした。そのきっかけを作ってくださったのは、「未在」（京都市東山）の石原仁司さんです。

長崎の「雲仙半水盧」の料理長だった石原さんが、私の研いだ包丁をとても気に入ってくださり、2004年に京都に「未在」を開いてからも、石原さんの出身店である「吉兆」の他、京都の料理店を紹介してくれました。それ以降、「坂下さんの包丁を京都で知りました。自分の包丁もお願いしたい」と他の地域の料理人の方々からも声がかかるようになり、日本料理や寿司の業界で、気鋭の料理人と呼ばれるような若手からも依頼を受けることが多くなっていったのです。

そうして、料理人の方々とのお付き合いが広がり、一人何万円もする料理に使われる包丁を研ぐ機会が増える中で、私の向上心にもさらに火がつきました。プロ意識の高い料理人の方々とお付き合いさせていただいたおかげで、私は50歳を過ぎてからも研ぎの職人としてさらに成長することができたと思っています。実際、料理人の方々と料理や包丁について話すと、今でも何かしら、新しい刺激をもらうことができます。

中には遠方にも関わらず、度々、私の工房を訪れてくれる料理人もいます。直接お会いできる機会は少なくても、定期的に連絡をくれる方もいます。さらに言えば、特に連絡などのやりとりはなくても、私が研いだ包丁を大切に使ってくださっている料理人の方々が全国にいます。そうやって私を支えてくれている料理人の方々すべてに、この場を借りて感謝したいと思います。

包丁の研ぎは時間を忘れるほど面白い

包丁と一口に言っても、料理人が使う和包丁には、刺身庖丁（主な用途：刺身の切り付け）から出刃包丁（魚をおろすなどの下処理）、薄刃包丁（野菜を剥く、切るなど）、ハモ切り包丁、ウナギ包丁などの特殊包丁まで、多様な種類があります。

和包丁には軟鉄と鋼を合わせて作る「合わせ」（「霞」とも呼ばれる）と、鋼だけで作る「本焼き」があり、さらにステンレス鋼で作られる包丁も多くなりました。このように多様な種類があるだけでなく、包丁の素材によっても品質に差が出ます。

その意味では、一本たりとも同じ包丁はありません。一本一本の違いに合わせて最適な研ぎ方をしなければならず、毎日、包丁を研いでいても私は決して飽きることはありません。

これほど夢中になれる仕事と出会えたことは、ある意味、幸せなことかもしれませんが、商売という点においては、非常に苦しい思いもしました。角砥石を販売している時は、思ったほど売れずに仕入れの金額だけがかさみ、多額の借金を抱えたこともあります。

また、職人として最高の包丁を作ってみたいという思いが募るのですが、そのためには最高の素材を使わなければなりません。

しかし、最高の素材は、値段も張ります。しかも、最高と言われる素材であっても、実際に研いでみないと真価が分からないのが「本焼き」の包丁の鋼でした。

最後まで研ぎ上げれば最高の包丁を作ることができるのですが、場合によっては、研いでいる途中でピシッと割れてしまうこともあるのです。割れたからといって弁償してもらえるわけではなく、高いお金を払って最高の鋼を買うのは、賭けのようなものでした。

実際、私は何十万も払って買った鋼を研いでいる時に、「ピシッ」という音を聞いてしまいました。高いお金を無駄にしてしまった瞬間です。その夜は、本当に泣くようにして家に帰りました。このように、職人として追及したいことと商売が上手く両立せず、心が折れそうになったことは一度や二度ではありません。

それでも、ここまで続けてこられたのは、やはり包丁を研ぐことが面白くて仕方がないからです。

包丁を研ぎ始めると、夢中になって時間が経つのを忘れてしまうので、数年前までは、仕事が深夜にまでなってしまうのが常でした。数年前に病気をしてからは自制していますが、今でも「あと10分だけ、あと15分だけ…と言っているうちに時間が経ってしまう」

という悪いクセが出そうになることがあります。

ただ、やはり体が資本なので、前はよく飲んだお酒も今はやめ、これからもさらに頑張っていけるように健康に注意しています。

第二章

「理想とする包丁」を探求——。唯一無二の研ぎの技術に辿り着く

包丁の切れ味が大切なそもそもの理由とは

これから私の研ぎの技術や包丁理論についてお話させていただきますが、そもそもプロの料理人ではない一般の方々は、なぜ包丁の切れ味が大切なのかを、それほど理解されていないかもしれません。

また、料理人であっても、見習いの若い人などはそうかもしれません。

そこで、包丁の切れ味が大切な理由について、最初にお話しておきたいと思います。

包丁の切れ味が大切である理由の一つは、調理作業がはかどるかどうかに大きく影響することです。

一般の方でも調理をする人であれば経験があるかもしれませんが、包丁の切れ味が悪いと思うように素材を切ることができず、その分、調理作業に時間がかかってしまいます。切れ味の良い包丁を使った方が、調理作業がはかどります。

そのため、スピーディーに一つ一つの調理作業をこなさなければならないプロの料理人は、当然ながら切れ味の良い包丁を求めます。一般の方も、「思うように切れない…」というもどかしさを感じず、少しでも楽しく調理をしたいのであれば、切れ味の良い包丁を使うに越したことはありません。

実際、切れ味の良い包丁を使うと、プロの料理人も楽しくなるようです。私が研いだ包丁が、あまりにもよく切れるので、「包丁を使うのが楽しくなった。これまでは下の者に任せていた切り付けの仕事を自分でやるようになった」と話す料理人もいます。半分、冗談とはいえ、それくらい調理する人の気持ちにも影響するのが包丁の切れ味です。

ただ、プロの料理人にとって、包丁の切れ味が大切な理由は、調理作業がはかどることだけではありません。特に和食の料理人にとっては、それ以上に大切とも言える理由があります。

「洋食と和食の一番の違いは何だと思う?」。

私は若い料理人によくこう聞きます。その答えは、食べ手が自分で切るのが洋食、作り手が切って供するのが和食であることです。

例えば、洋食のステーキは食べ手がナイフで切り分けますが、和食の刺身は作り手が食べやすい大きさに切って供します。洋食と和食では、ここに大きな違いがあります。作り手が切って供する和食は、切り口の美しさなどが料理に反映されやすいため、包丁の切れ味がより大切になります。

切れ味の良い包丁で刺身を引くと、断面は滑らかで美しく、角もスッときれいに立ちます。腕の良い料理人が、切れ味の良い包丁で引いた刺身は、とても美しい姿をしています。逆に切れ味の悪い包丁だと、全体的にシャープさが感じられない出来映えになってしまいます。

この差が非常に大きいことから、和食の料理人が包丁の切れ味を追求するのは必然的なことです。言い方を変えれば、包丁の切れ味にこだわらない料理人は、美しい料理を作ることができないということになります。

料理の見た目だけでなく食味にも影響する

包丁の切れ味が大切なのは、見た目だけでなく、食味にも大きな影響を与えるからだと私は考えています。

刺身に限らず、トマトなどの生野菜もそうですが、切れ味の良い包丁で切ると、食材の繊維を無駄に傷めずに済みます。細胞の中に閉じ込められた旨味を、そのまま味わえるような感じの仕上がりになります。私は科学者ではないので数値で実証することはできませんが、少なくとも私が研いだ包丁を使っている料理人の方々は、包丁の切れ味が食味にも影響することを実感してくれているようです。

例えば、私が研いだ包丁を使うようになってから、それまで残されることが多かった刺身のつま(大根)を、お客様が全部食べるようになったという話をよく聞きます。中にはお替わりするお客様もいるほど、刺身のつまが美味しくなったというのです。私が研いだ包丁で刺身のつまを作ると、切る時に大根から出る水分量が少なく、ふわっとした仕上がりになるので、使用する大根の量も少なくて済みます。

さらに、食材の繊維や細胞に関する身近な例としては、玉ねぎがあります。切れ味の悪い包丁で玉ねぎを切ると、涙が止まらなくなるほど目に染みます。玉ねぎの細胞を壊し、素材の成分を外に逃してしまっているからです。プロの料理人であれば誰でも知っている話かと思いますが、これは一般の方にも分かりやすい例ではないでしょうか。

また、私が研いだ包丁で切ったマグロの刺身は、醤油が中に染み込まず、「刺身の上に醤油がふわっと乗る感じになる」と料理人の方々から言われます。「醤油がふわっと乗る」のは、マグロの繊維や細胞がきれいな状態に保たれている証なのかもしれません。

これも科学的に調べたわけではないので断言はできませんが、どちらにしても包丁の切れ味と食味の関係については、もっと研究が進むことを願っています。切れ味の良い包丁を使うことで、料理がより美味しくなることが広く知られれば、包丁の重要性についてもっと多くの方々に注目していただけると思うからです。

日本人は素材の味を大切にします。そうであるならば、包丁の切れ味と食味の関係について考えることも、日本の食文化をより豊かなものにすることにつながるのではないでしょうか。

「より抵抗の少ない包丁」を極限まで追求

「坂下さんの包丁は、なぜよく切れるのですか?」。「坂下さんの研ぎ方は、どんな点が優れているのですか?」。よくこう聞かれるのですが、この質問に明確に答えるのは、なかなか難しいものがあります。

というのも、先にもお話したように、一本たりとも同じ包丁はありません。一本一本の違いに合わせて最適な状態に研ぎ上げていく技術は、長年の経験で培った、いわゆる職人の勘によるところが大きく、それをすべて文字にするのは難しいのです。

また、私は誰よりも包丁について考えてきた人間であると自負はしていますが、他の人が研ぎ上げた包丁を、すべて見てきたわけではありません。「どんな点が優れているのか?」と聞かれても、比較のしようがないのです。

ただ、私が追求してきた原理原則のようなものはお伝えすることができます。それは、「より抵抗の少ない包丁」にすることです。

包丁の切れ味の良し悪しを、はっきりと数値化することはできませんが、確実に言えるのは、包丁で食材を切った時に感じる抵抗が少なければ少ないほど、人は包丁の切れ味が良いと感じるということです。「より抵抗の少ない包丁」にすることが、切れ味の良い包丁にすることです。

ある意味、これは当然の理屈で、包丁の作り手であれば普通に考えることです。それでも「坂下の包丁は他とは切れ味が違う」と言っていただけるということは、私は「より抵抗の少ない包丁」を極限まで追求してきたということになるのかもしれません。

実際、私が研いだ包丁を使った料理人は、「切っている感じがしないのに切れている」と驚きます。それくらい、抵抗が少ないのです。「切っている感じがしない」ため、使い慣れるのに少し時間がかかりますが、一度、コツを掴めば、その切れ味の良さが快感にもなるようです。

薄くても強度があって切れの持続性が出る素材

次に皆さんがお知りになりたいのは、「より抵抗の少ない包丁」にする方法ではないかと思います。その方法についても一言で説明するのは難しく、後で紹介する私の研ぎ方や包丁理論も参考にしていただければと思いますが、「より抵抗の少ない包丁」にするための基本的のポイントについては最初にお伝えしておきます。そのポイントは主に二つあります。

一つめは、包丁の厚みを薄くすることです。私が研ぎおろす(※)包丁は、刺身包丁にしても薄刃包丁にしても、総じて一般のそれよりも厚みを薄くしています。(※「研ぎおろし」がどんな仕事であるのかは60Ｐで紹介しています)。

包丁の厚みは、食材を切る時の抵抗になります。基本的に厚みが薄ければ薄いほど、抵抗を少なくすることができます。その当たり前の理屈を追求しているわけですが、これが言うは易く行うは難しなのです。

包丁の厚みを薄くすると、当然ながら刃の強度が落ちます。強度が落ちると、切れの持続性も出せません。薄くても一定の強度を維持するには、それを可能にする素材を使う必要があります。そこで、私が研ぎおろす包丁の素材は、全般的に硬度の高いものを選んでいます。今、私が研ぎおろす包丁はステンレス鋼がメインですが、その硬度は「58」程度とかなり高めです。

そして、ここで何が難しいかと言うと、硬度が高いと強度が増すのは良いのですが、素材が硬いため、研ぐのが難しくなるのです。特に硬度の高いステンレス鋼は難敵です。

まずは難敵に負けない相性の良い砥石を見つけなければなりません。さらに、砥石が見つかったとしても、硬い素材だからといって力任せに研いでは良い包丁にはなりません。硬い素材を相手にしながら、繊細な研ぎの技術が求められるため、難易度が高くなります。私は、砥石選びから研ぎ方まで数々の試行錯誤を繰り返し、そのハードルを乗り越えてきました。

また、私が研ぎおろす包丁は、一定期間寝かせた素材しか使用しません。包丁の素材は鋼にしてもステンレス鋼にしても、焼き入れなどの技量によって品質に差が出ますが、それに加えて「どれくらい寝かせた」かも重要なのです。

先にも少し説明したように、包丁の素材は熱しながら叩いて伸ばします。元々、相当に硬い素材を叩いて伸ばすということは、分子がバラバラになってしまうのでしょう。焼き入れをしてから間もない、分子がバラバラになった状態では包丁の素材としては未熟なのです。

包丁の素材として成熟させるには、できるだけ長い期間、寝かせた方が良いのです。これは私の長年の経験から確実に言えることです。長い期間、寝かせることで、バラバラになった分子が夏の暑さと冬の寒さ繰り返す中で徐々に安定し、整列していくような感じになります。

そして、分子がより安定した状態に整列していくことで、包丁にとって最適な素材になっていくのでしょう。包丁の厚みを薄くしても強度があり、切れの持続性も出せる素材になるのです。そうした素材でないと私が理想とする包丁にはならないため、最低でも10年以上寝かせたものを研ぎおろしており、長いものだと30年、40年…と寝かせています。

摩擦による抵抗を少なくするのも切れ味の秘訣

「より抵抗の少ない包丁」にするための二つめのポイントは、食材を切る時の「摩擦」を少なくすることです。

摩擦が少なければ、食材を切る時に包丁が抵抗なく食材の中に入っていき、切った後も包丁が抵抗なくスムーズに抜けます。逆に、摩擦が多くなると、それが抵抗になってしまいます。摩擦をいかに少なくするのかも、「より抵抗の少ない包丁」にするための秘訣です。

そこで、第一章のサンドイッチのエピソードのところでもお話したように、私が研ぐ包丁は、刃先としのぎの間に、見た目では分からない程度の凹みで「空気の通り道」を作っています。見た目では分かりませんが、包丁の表面に水を流すと分かります。凹みが無ければ水は刃先側に落ちてしまいますが、凹みがあるので水は包丁のアゴ側から切っ先側に向かって一方方向に流れていきます（3Pの下写真参照）。この「空気の通り道」を作ることで、摩擦を少なくしているのです。

ただし、凹みを作ると、その部分の厚みがより薄くなってしまいます。しかも、片刃の和包丁は、摩擦による抵抗を少なくするために、元々、包丁の裏側に「裏スキ」と呼ばれる凹みがあります。そのため、私が研ぐ包丁は55Pの図のようになります。

この図は、分かりやすく説明するために凹みを大きく描いていますが、要するに「空気の通り道」と「裏スキ」によって、表にも裏にも凹みができることになります。表と裏の両方に凹みがあっても、包丁の強度を保つことができるバランスを見極めながら「空気の通り道」を作っています。これも長年の経験で培った技術になります。

また、第一章の中でお話したように、私は包丁により光沢を出すために、砥石だけでなくダイヤモンドペーパーも使います。その使い方においても、摩擦が少なくなるように配慮しています。

どういうことかというと、より目の細かいダイヤモンドペーパーで磨けば、包丁の表面の傷が小さくなって光沢が出ます。しかし、完全に傷が無くなってしまう状態まで磨いてしまうと、食材を切った時に包丁の表面に食材がくっつくという摩擦現象が起こりやすくなるのです。

そこで、あえて少し傷が残るくらいに留めます。この「少しの傷」も「空気の通り道」になるのです。具体的に説明するとダイヤモンドペーパーは＃６０００番までに留めます。＃８０００番で磨くと完全に傷が無くなってしまうからです。（※「＃」の数字が大きいほど目が細かくなります）。

この傷も、見た目では分からない程度のものですが、このように「敢えて傷を残す」、場合によっては「敢えて傷をつける」ということもしながら「空気の通り道」を作り、摩擦を少なくしています。

なお、傷を残す必要がない場所で、より光沢を出したい時は、＃８０００のダイヤモンドペーパーを使って磨いています。

■「空気の通り道」のイメージ図

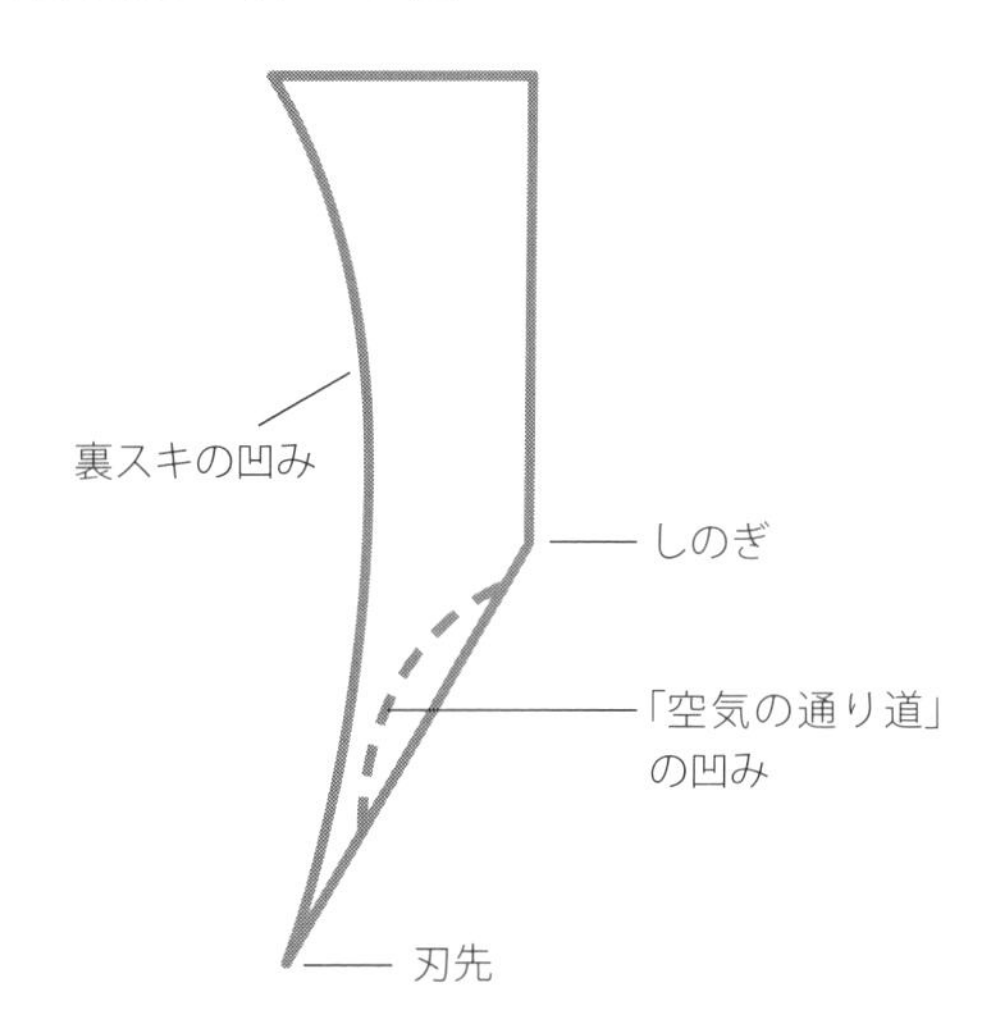

「本当に良い包丁」を選ぶための判断材料に

「より抵抗の少ない包丁」を追求してきたこと、その大きなポイントが「包丁の厚みを薄くすること」、「厚みが薄くても強度があって切れの持続性を出せる素材を使うこと」、「摩擦を少なくすること」であることを紹介しました。これらは包丁を「作る側」の話であって、包丁を「使う側」の料理人の方々にとっては直接関係の無い話かもしれません。

それでも、こうした知識を頭に入れておけば、包丁を購入する際に役立つのではないでしょうか。

例えば、包丁を購入する時に、「この包丁は切れ味が良いですよ」、「このブランドは間違いありません」などと勧められても、それだけでは本当に良い包丁なのかどうかを自分で判断することができません。購入する包丁が、包丁の厚みや形状、素材の強度や切れの持続性、摩擦を少なくする工夫などにおいて、どのように切れ味の良さを追求した包丁なのかを知ることで、自分なりの判断基準もできていくのではないでしょうか。

私の技術や理論は絶対的なものではありませんが、こうしてお話する内容が皆様の包丁選びにおいて、「本当に良い包丁」を選ぶための判断材料として少しでも参考になればと思っています。

「相手は繊維」であることが包丁の特性

「より抵抗の少ない包丁」の話に関連して、もう一つ、お伝えしておきたいことがあります。それは、「包丁の相手は繊維」であることです。

刃物は切る対象によって厚みや形状が変わります。例えば、切る対象が「木」である大工道具は、相手が硬くて強度のあるものなので、それだけ刃にも厚みが必要になります。

しかし、和包丁の相手である食材の繊維は、木に比べれば遥かに柔らかいものです。魚の太い骨や皮が硬いカボチャなどの例外を除けば、それほど強い力を必要とせずに切ることができます。そのため、包丁は大工道具の刃物ほどの厚みは必要ありません。

あらゆる刃物と向き合ってきた私は、和包丁をメインで手掛けるようになってからも、「包丁の相手は繊維である。その点が他の刃物とはまったく違う」ということを常に念頭に置いてきました。包丁の厚みを薄くしていったのも、「切るのにそれほど強い力を必要としない食材の繊維が相手なのだから、もっと包丁の厚みを薄くしても良いのではないか」という考えがあったからです。

和包丁は、その名称からも厚みが薄いことが分かる薄刃包丁もあるように、元々、用途や切る対象によって厚みや形状を変えています。しかし、刺身包丁にしても薄刃包丁にしても、一般的とされる包丁の厚みや形状は、かなり昔から踏襲されてきたものです。本当にそれがベストなのか。ベストだとしたら、どんな根拠があるのかは、いろいろな人に聞いてもはっきりとは分かりませんでした。

そうした中で、私は料理人の方々の声を参考にしながら、包丁の厚みや形状についても自分なりのベストを追求するようになっていきました。刺身包丁であれば刺身の繊維、薄刃包丁であれば野菜の繊維という切る対象を踏まえて、「より抵抗の少ない包丁」「必要以上の厚みや重み」という無駄を極力そぎ落とす包丁にすることで、「より抵抗の少ない包丁」にしていったのです。包丁はまな板にも当たるので、当然、その点も考慮しなければなりませんが、基本的にはこうした考え方をベースにしています。

最近では、「丸ごとの魚」ではなく、「魚屋さんが捌いた魚」を仕入れるお店が増えてきたのに合わせて、「より薄くて軽い出刃包丁」を研ぎおろしています。１４７Ｐで紹介しているので、そちらもご参照ください。

「作る側」と「使う側」の関係性の問題について

私が長年、包丁の業界を見てきて思うのは、「作る側」と「使う側」の関係性に問題があるのではないかということです。

まず「作る側」については、鍛冶の後、刃付けを行って包丁を作りますが、それは文字通り、「作っただけの包丁」で、「真の包丁」に研ぎ上げているとは言えないケースもあります。

私が考える「真の包丁」とは、その包丁の切れ味や切れの持続性を最大限に引き出すまで研ぎ上げたものですが、そこまでやる必要性を感じていない作り手が少なくないように思います。これは作り手が手を抜いているということではなく、元々、そういう発想がなく、慣習としてずっと続いてきたという感じです。

一方、「使う側」の料理人は、「真の包丁」に研ぎ上げられていない包丁を購入することになります。「真の包丁」に研ぎ上げられていないということは、よく言えば、料理人が自分自身で、自由に「真の包丁」に研ぎ上げることができるとも言えますが、ここにも問題があります。研ぎのプロではない料理人が、「真の包丁」に研ぎ上げるのは、決して容易なことではないのです。料理人は料理のプロであって、研ぎのプロではないので仕方ありません。

これも料理人が悪いという話ではなく、「作る側」と「使う側」の関係性の改善に尽力してこなかった包丁業界全体の問題ではないかと思います。少し偉そうな物言いになってしまいましたが、包丁に携わる職人の一人として、包丁業界の発展のために私の考えをお伝えさせていただきました。

「研ぎおろし」で「真の包丁」に研ぎ上げる

「作る側」と「使う側」の関係性の問題についてお話したのは、それが私の「研ぎおろし」という仕事の背景にもなっているからです。「作る側」と「使う側」の関係性に問題を感じる中で、「真の包丁」に研ぎ上げる「研ぎおろし」の必要性を見出し、私はそれを仕事にしていったのです。

「研ぎおろし」という言葉は、私がそう呼んでいるだけで、一般に通用する言葉かどうかは定かではありませんが、簡単に説明すると、焼き入れや刃付けまで行った包丁を仕入れ（62Ｐの写真）、それを私が研ぎ上げてから販売するのです。

仕入れた包丁も、焼き入れの後、刃付けまでは行っているので切れないわけではありませんが、私の「真の包丁」という概念からすれば、「半製品の包丁」ということになります。「半製品の包丁」を「真の包丁」に研ぎ上げて販売するのが「研ぎおろし」です。

要するに「研ぎおろし」は、包丁づくりの最終工程として「作る側」の仕事になりますが、直接販売をしているので「使う側」に最も近い仕事でもあります。「作る側」と「使う側」の両方に軸足を置いた仕事であることが、この包丁業界においては珍しいことなのかもしれません。

私の工房に見学に来た方々は、私が使っている道具や、私の研ぎ方を見て、「唯一無二の技術ですね」と言ってくれますが、もしそうであるとしたら、「作る側」と「使う側」の両方に軸足を置いた「研ぎおろし」という仕事の特異性が大きく影響しているのでしょう。日々、「使う側」の声を聞き、その声をすぐに「作る側」の技術に反映させることができる「研ぎおろし」という仕事によって、私の研ぎの技術が向上したのは間違いないからです。それは、従来の常識の捉われず、とにかく「使う側」のことを第一に考えながら、私が「理想とする包丁」に研ぎ上げる技術になります。

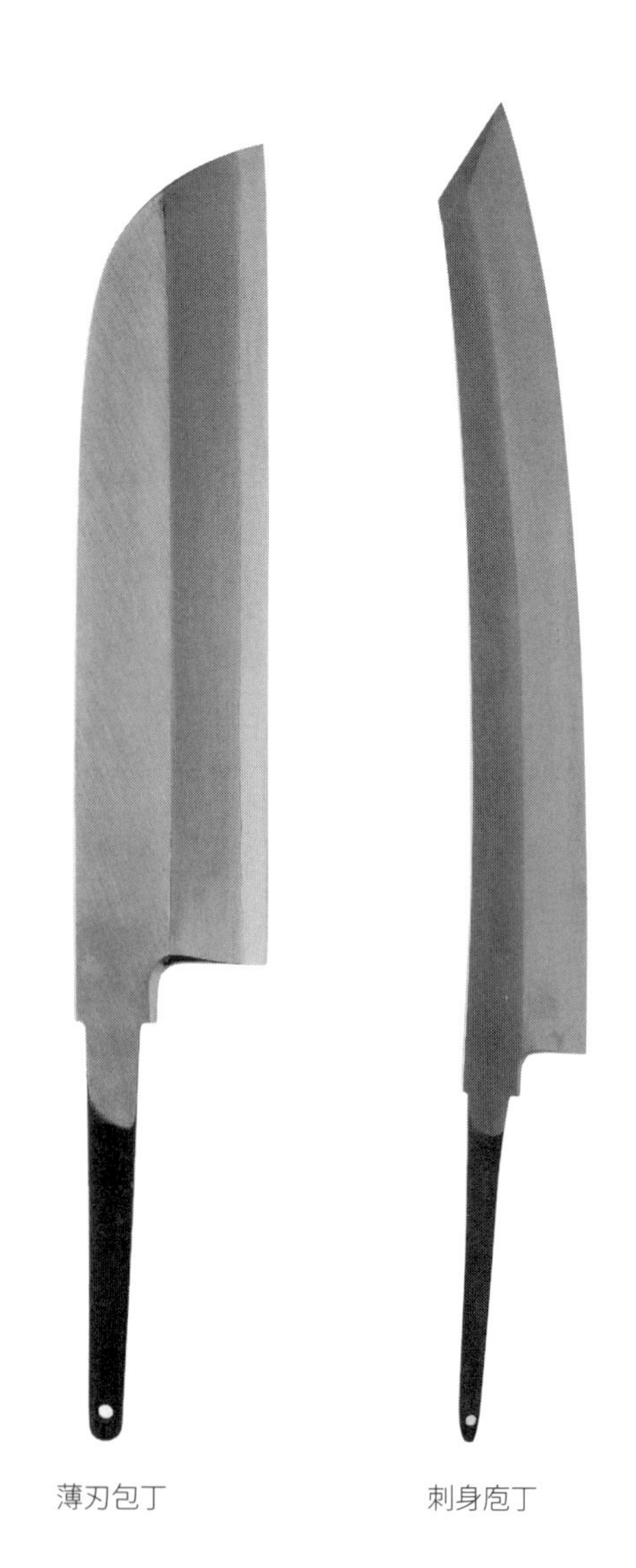

薄刃包丁　刺身庖丁

「研ぎ直し」でも切れ味が格段に変わる

「研ぎおろし」とともに、私の大事な仕事がもう一つあります。それが「研ぎ直し」です。「研ぎ直し」は、その名の通り、すでに使われてきた包丁を研ぎ直す仕事になります。研ぎ直す包丁は、元々は依頼者が自分で購入した包丁です。中には、包丁の素材自体の品質が低い場合もありますが、そうであっても、その包丁の切れ味や切れの持続性を最大限に引き出せるように研ぎ上げるのは「研ぎ直し」も同じです。

どんな素材の包丁であっても、「より抵抗の少ない包丁」になるように研ぎ直すことで、切れ味は格段に変わります。実際、研ぎおろした包丁だけでなく、研ぎ直した包丁も、「これまでとはまったく切れ味が違う」と喜んでいただいています。

また、「研ぎ直し」の仕事を通して、逆に惚れ惚れするような素材に出会うこともあります。先にもお話したように、包丁の素材は、長い期間、寝かせた方が素材として成熟します。そして、寝かせるというのは、使わずに置いておくことだけを意味するのではありません。使っている包丁も、より長い年月を経れば経るほど素材として成熟します。

そのため、「研ぎ直し」の依頼を受けていると、長年、使われてきたことで素晴らしい状態に成熟している素材に出会うこともあるのです。ついこの前も、50年以上大切に使われてきたことで、惚れ惚れする状態に成熟した本焼きの鋼に出会いました。いつもに増して、研ぎ職人としての腕が鳴ったのは言うまでもありません。こうした未知の素材との出会いがあるのも、私にとっては「研ぎ直し」の面白さになっています。

料理人の身長や使い方のクセに合わせて調整

「研ぎおろし」でも「研ぎ直し」でも、「使う側」のことを第一に考える中で、私はできる限り、料理人一人ひとりに合わせた包丁に仕上げることも心掛けてきました。それぞれの料理人の身長や、包丁の使い方のクセに合わせた調整を行うのです。そこまでやって包丁を販売しているケースが他にあまり無いとしたら、この点も私の研ぎの大きな特徴と言えるかもしれません。

例えば、68Pの上の図のように、料理人の身長に合わせて切っ先の部分のアールの付け方の角度を変えることもします。身長が高いと、食材を切る時の包丁の角度がより上からになるため、それに合わせて切っ先部分のアールも大きくするのです。身長が高いのに、このアールが小さいと、包丁がまな板につっかかりやすくなります。他にも、例えば包丁の柄は、各人の手に大きさに合ったものを選ぶようにしています。

京都を始めとした関西の料理人からの注文が主体だった頃は、定期的に京都まで足を運んでいたので、実際に料理人に合って、その人の身長や手の大きさを見てから研いでいました。全国から注文が入る今は、直接会うことができないケースも増えましたが、電話でも最低限の情報は聞くことができます。長年の経験で、ある程度の情報さえ分かれば、その人に合った包丁をイメージできるようにもなりました。

一方、「研ぎ直し」を依頼された包丁は、その状態を見れば、それを使っている料理人のクセが分かります。例えば、刃先の欠け方を見れば、それがわずかな欠けであっても、包丁を使う時に、どこに重心をかけるクセがあるのかが分かります。そこで、重心をかける場所の刃先は、他と同じように鋭角にすると再度欠けてしまう恐れがあるため、敢えて少し鈍角になるように研いで欠けにくくするなどの調整を施します。

先に「同じ包丁は一本たりともない」とお話しましたが、このように一人ひとりに合わせた調整をするという点においても、私にとっては一本一本、すべての包丁の研ぎが、常に真剣勝負です。

しのぎは「包丁の生命線」と言えるほど重要

「しのぎは包丁の生命線」。私はよくこう表現します。それくらい包丁にとって大事なのが「しのぎ」です。

まず、しのぎから刃先までの切り刃の幅をどれくらいにするのか。それによって包丁の切れ味は変わってきます。この幅の長さは、包丁に使われている素材の強度なども踏まえながら決めるので、一概に何㎝とは言えませんが、基本的に同じ厚みの包丁であれば、しのぎから刃先までの幅が長い方が、切り刃をより鋭角にすることで「より抵抗の少ない包丁」にすることができます。逆にしのぎから刃先までの幅が短いと、その分、切り刃は鈍角になり、切る時の抵抗が大きくなります。

また、しのぎの線と刃先の線が、包丁のアゴ側から切っ先側まで常に平行を保っているのが包丁の正しい姿です。そうではない包丁を使っている料理人が多く、その問題については第三章の私の包丁理論の中でご説明しますが、とにかく決して軽視してはいけないのが包丁のしのぎです。

私の仕事においては、例えば、刃先に大きめの欠けができてしまった場合の研ぎ直しは、68Pの下の図のように、しのぎの線を上に上げます。単に刃先を削り落としてしまうと、しのぎから刃先までの幅が短くなって切り刃が鈍角になってしまうため、しのぎの線を上にあげて従来通りの鋭角を保つのです。「そこまでやってくれるのですか！」と驚かれることもありますが、私にとってはこれも当然の仕事です。

■切っ先部分のアールの付け方のイメージ図

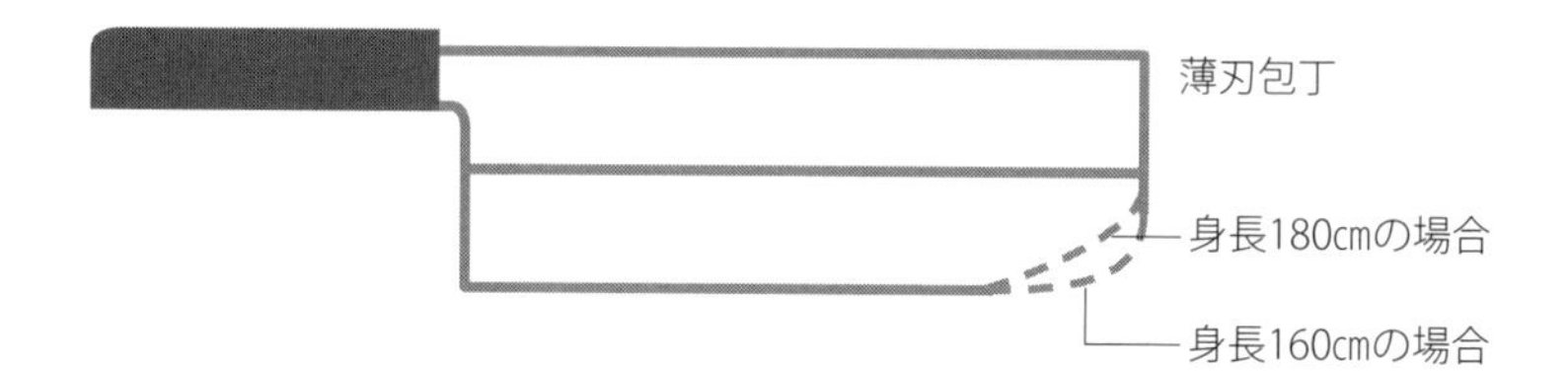

■刃先が大きく欠けた包丁の研ぎ直しのイメージ図

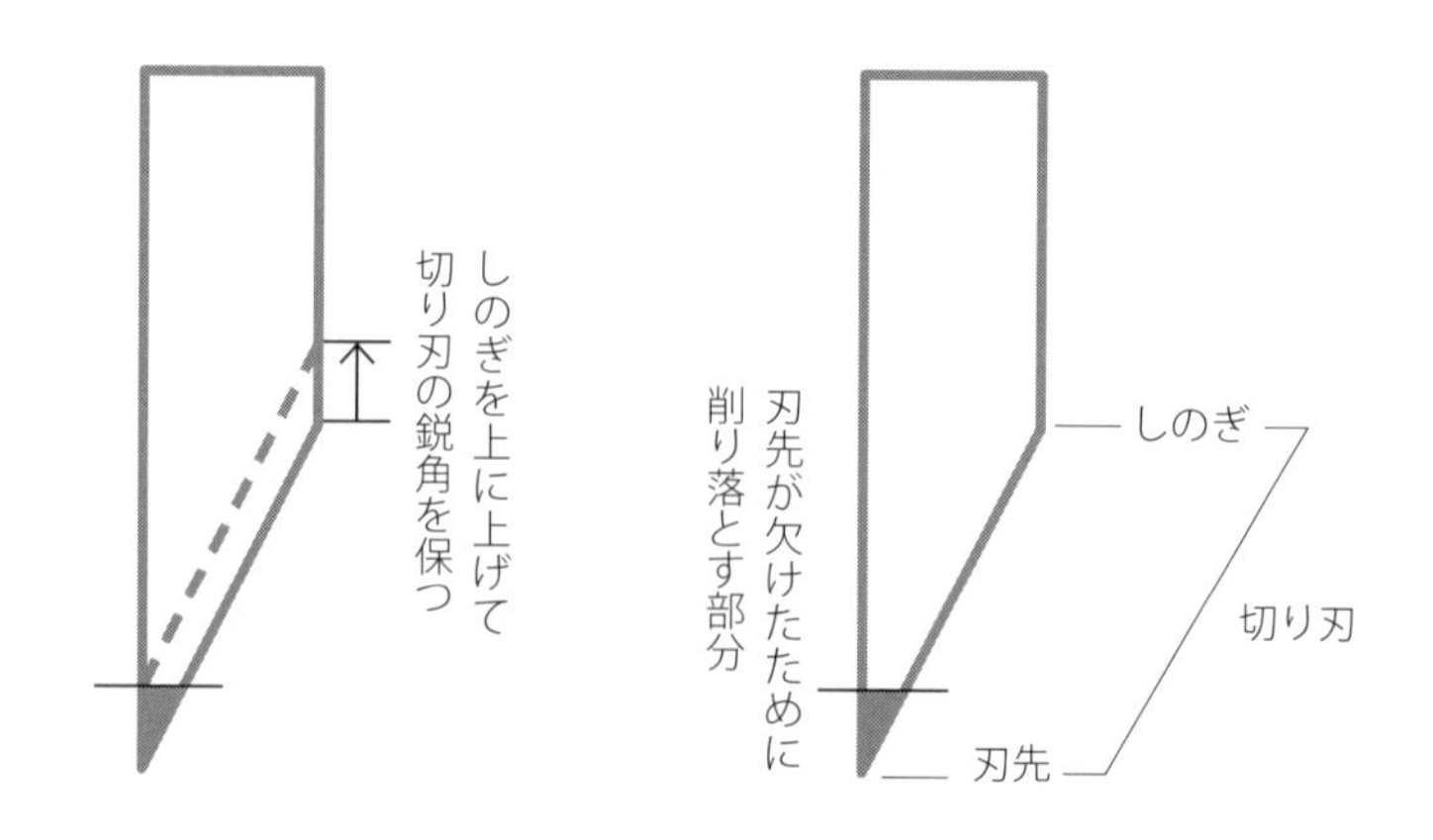

機械の使い方にも長年の経験で培った技

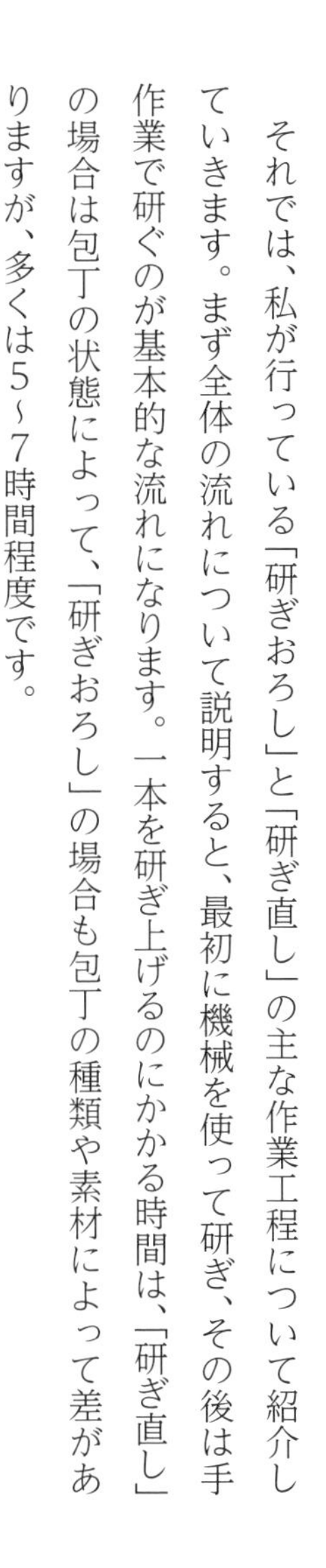

それでは、私が行っている「研ぎおろし」と「研ぎ直し」の主な作業工程について紹介していきます。まず全体の流れについて説明すると、最初に機械を使って研ぎ、その後は手作業で研ぐのが基本的な流れになります。一本を研ぎ上げるのにかかる時間は、「研ぎ直し」の場合は包丁の状態によって、「研ぎおろし」の場合も包丁の種類や素材によって差がありますが、多くは5～7時間程度です。

そして、最初に機械を使って研ぐのは、すべての工程を手作業だけで研ぎ上げると、さすがに時間がかかり過ぎるからです。機械の力を借りることで、例えば、しのぎの線をきれいに出す工程などは、かなり時間を短縮できます。

ただ、高速で回転する機械で研ぐと、高い熱が発生します。その高い熱が、包丁の素材を劣化させるリスクもあるため、機械を使うのは一定程度までに留めます。機械は全体を「整える」程度に使用し、「仕上げ」は手作業で行うという感じです。

また、機械の使い方にもテクニックが必要です。機械の砥石は、回転しているだけです。

勝手に研いでくれるわけではありません。回転している砥石に対して、どれくらいの角度で包丁を当てるのか、その微妙な角度の違いなどで仕上がりに差が出ます。

加えて、回転している砥石は、内径側と外径側でも研磨力が変わります。その違いを踏まえて包丁を当てる場所を決めます。さらに、機械の砥石も、使っている間に研磨力が鈍ります。そこで、時々、専用の道具を使って砥石の目を起こし、研磨力を復活させます（71Ｐの写真）。

このように私は、長年の経験の中で、「研ぎおろし」や「研ぎ直し」に機械を活用する技術も身に付けました。その技術が、どれくらい特別なものなのかは自分では分かりませんが、機械をより効果的に使いこなす方法に関しても独学で身に付けたのは確かです。

「包丁の宿命」とも言える「反り」を直す

「研ぎおろし」と「研ぎ直し」の作業工程において、最初に行うのは包丁の「反り」を直すことです。包丁は年月の経過とともに、どうしても反りが出てしまうからです。

「電車のレールが伸びる」という話を、聞いたことがないでしょうか。あれだけ頑丈そうな電車のレールも、暑い夏には熱で伸びることがあるそうです。それと同じように包丁の素材も暑い夏に伸び、逆に寒い冬には縮むという伸縮を繰り返す中で反りが出てしまうのです。

そのため、「研ぎおろし」の場合は、何年も素材を寝かせているので、当然、反りが出ています。「研ぎ直し」を依頼される包丁も、ある程度の期間、使われてきたものが多いので、やはり多少なりとも反りが出ています。

そこで、反りを直すことが最初の工程になります。専用の台に包丁をのせて、どれくらいの反りがあるのかを確認することから始めます（82Pの写真上）

そして、反りを直す方法は、鋼と軟鉄を合わせている「合わせ」の包丁と、単一の鋼で作られる「本焼き」の包丁では異なります。「合わせ」の包丁は、テコの原理を使った道具で反りを直すことができます(82Pの写真下)。

しかし、「本焼き」の場合は、テコの原理を使った道具で反りを直そうとすると、折れてしまう恐れがあります。単一の鋼で作られている「本焼き」の包丁は、軟鉄を合わせている「合わせ」の包丁のような柔軟性がないからです。

そこで、「本焼き」の包丁は、専用の道具で叩いて反りを直します(83Pの写真上)。どこを叩けばよいのか、どれくらいの強さで叩けばよいのかは、まさに長年の勘によるもので、決して簡単ではない作業になります。

また、叩く道具が、「本焼き」の鋼に負けない硬さでないと反りは直りません。この道具を見つけるのにも一苦労しました(83Pの写真下)。


包丁が反ってしまうのは、「包丁の宿命」のようなものですが、だからといって放っておくわけにはいきません。包丁が反っていると、当然、食材を切る時の支障になります。

そのため、私が研ぎおろした包丁を使っている料理人の方々にも、何年かに一度は、「メンテナンスのために送り返して」と伝えてあります。私が研いだ包丁は、日々の維持管理の仕方を正しく行えば、切れは持続しますが、包丁の反りは避けられないからです。「メンテナンス」の主な目的の一つが、包丁の反りを直すことなのです。

これは見方を変えれば、包丁を購入しても、定期的に反りを直してもらえるルートがないと、料理人は困るということです。実際、「本焼き」の包丁は、それを買った店に反りを直して欲しいと頼んでも、断られる場合が少なくないと思います。折れてしまう恐れがあるので、店も安易に引き受けられないからです。

その包丁を作った鍛冶屋であれば、反りを直す技術もあるでしょうが、そこまで遡って対応してくれるケースは多くないかもしれません。つまり、高価な包丁を買っても、反りを直してもらえるルートが無いために、反りのない良好な状態で長く使うことができないという残念な結果になってしまいます。

「最初は多少値が張っても、本当に良い包丁を買って、大切に長く使いたい」。そういう思いを持っている料理人のために、この現状がもっと改善されていくことも必要なのではないでしょうか。

研ぎの工程

包丁の反りを直した後の工程については、順を追って紹介していきます。先にもお話したように、いわゆる職人の勘をすべて文字にすることはできませんが、この工程によって「より抵抗の少ない包丁」、「より使いやすい包丁」、「より美しい包丁」にしていきます。

なお、紹介するのは、片刃の和包丁の工程です。

■「中子」を整える（写真84P）

専用の機械で研磨し、柄を差し込む部分の「中子」を整えます。「研ぎ直し」の包丁は、柄を抜くと錆びていることが多く、その錆や汚れを落としてきれいな状態にします。私のオリジナルの柄に替える場合は、その柄に中子をきっちりと差し込むことができる形状に調整します。

■「裏」と「峰」を整える（写真85P）

研磨布が回転する機械で包丁の裏側を整えます。この研磨布の機械は、#40、#60、#80、#120、#240、#460を揃えており、目の粗いものから、目が細かいものへという流れで順番に研磨していきます。(※「#」の数字が大きいほど目が細かくなります)。

この研磨布の機械で、包丁の「峰」も整えます。峰が角張っていると、のせた指が裂けて怪我をする恐れがあるため、角の無い滑らかな状態にします。

■「帽子」を整える(写真86P)

日本刀には、切っ先に近い部分に「帽子」と呼ばれる部分があります。それをヒントにし、私は自分が研ぎおろす包丁にも帽子を作るようにしました。この帽子があることで、デザイン的に包丁の見た目が格段に良くなると考えているからです。

機械の砥石で研磨し、この帽子を整えます。帽子は機械で研磨した後、砥石のかけらなどでも磨いて完成させます。最初に帽子を整えることで、しのぎのラインを始めとした包丁全体の仕上がりをイメージすることができます。

なお、帽子は刃付けを依頼しているところに、ある程度までは作ってもらっています。ただし、それはあくまでも未完成の状態です。

帽子を理想的な状態に仕上げる技術も、長年の経験で培ってきました。包丁全体のデザインを決める大事な部分であり、なおかつ、他の人に任せることができない技術なので、帽子も敢えて未完成の状態で仕入れ、自分で完成させるようにしています。

■「しのぎ」を整える（写真87P）

機械の砥石を使って「しのぎ」を整えます。包丁の当て方を間違うとしのぎの線が崩れてしまうので、より慎重な作業になります。この工程によって、「ぼんやり」としていたしのぎのラインが、「くっきり」ときれいに浮かび上がるような感じになります。

なお、機械の砥石は、セメントを作るような感じの製法で作られたものであることから、私が「セメント砥石」と呼んでいるものです。私にとっては、もう何十年もの付き合いになる道具の一つです。

■「山なり砥石」で研ぐ（写真88〜89P）

機械研ぎで全体を整えたら、オリジナルの「山なり砥石」を使って研ぎ上げて行きます。平の砥石ではなく、「山なり砥石」を使う理由については、第三章の私の包丁理論の中で説明していますが、一言で説明すれば、「面」ではなく「点」で研ぐためです。砥石に対して、包丁を横向きではなく縦向きにし、「山なり砥石」のカーブを活用して研ぐことで、包丁の研ぎたい場所だけを、「点」で砥石に当てながら研いでいくイメージです。

まず、峰からしのぎにかけての「平」を研ぎます。「山なり砥石」の基本的な使い方としては、包丁の切っ先側を研ぐ時は「砥石の奥の下りのカーブ」を、包丁のアゴ側を研ぐ時は、「砥石の手前の上りのカーブ」を使います。

「平」を研いだ後は、しのぎから刃先にかけての「切り刃」の研ぎに移ります。切り刃の刃先側を研ぐ時は「左側のカーブ」を、切り刃のしのぎ側を研ぐ時は「右側のカーブ」を使います。

刃先からしのぎの間に作る「空気の通り道」の凹みは、「山なり砥石」の山の頂点に当たる部分などで研いで作ります。「山なり砥石」は、#320、#800、#1500を使っており、目の粗いものから目が細かいものへという流れで順番に研いでいきます。

なお、「山なり砥石」も「セメント砥石」です。実は、この「セメント砥石」の原型は、私が過去に販売していた角砥石です。それを、自分で山なりに変えたのがオリジナルの「山なり砥石」になります。

この「セメント砥石」は、私が砥石屋さんに発注して特別に作ってもらいました。もう40年くらい前のことですが、当時、砥石について色々と勉強した私の知識や思いが詰まった砥石です。形は「山なり」に変わったものの、今も私の研ぎに欠かせない砥石として活躍してくれていることに感慨を覚えます。

この「セメント砥石」は、今、私がメインで手掛けているステンレス包丁とも相性が良いのです。硬度の高いステンレス鋼に対しても、素晴らしい研磨力を発揮してくれます。作った当時はステンレス包丁が少ない時代で、最初からステンレス鋼を想定していたわけではないので、結果として偶然そうなったわけですが、この「セメント砥石」とステンレス包丁の相性の良さにも、私は運命のようなものを感じています。

■「カエリ」を取る（写真90Ｐ）

＃３２０、＃８００、＃１５００の「セメント砥石」で切り刃を研いでいく際に、その都度、包丁の裏側を研いで「カエリ」を取ります。カエリを取るのに使うのは、＃１５００のプレスタイプの砥石（90Ｐの写真上）と天然砥石（同下）です。仕上げに近づいてきたら天然砥石を使います。天然砥石の＃の数は、明確な数字では言い表せませんが、相当に目の細かい、いわゆる「仕上げ砥」です。

また、カエリを取るのに使う砥石は、常に真っ平な状態である必要があるため、使った後には必ず、焼成の面直し用の砥石を使って、真っ平な状態に戻します。

■「ダイヤモンドペーパー」で磨く（写真91Ｐ）

より目の細かい砥石で研ぐことで、包丁の表面に付く砥石の傷は小さくなっていきますが、「ダイヤモンドペーパー」でも磨くことでさらに傷を小さくして光沢を出します。ダイヤモンドペーパーは、＃６００、＃２０００、＃３０００、＃６０００の順番で使います。また、光沢を出すために、砥石のかけら（91Ｐの写真左下）でも丹念に磨きます。

■「糸刃」を付ける（写真92Ｐ）

包丁は刃を欠けにくくするために、刃先に「糸刃」を付けます。糸刃によって、わずかな段差なようものを作ることで、刃が欠けにくくなります。

「糸刃」を付ける際には天然砥石を使いますが、最初に天然砥石の表面を砥石のかけらでこすって砥汁を出します。この砥汁も研磨剤として使い、理想の糸刃になるように仕上げます。「刃腰」と呼ぶ、45度の角度で包丁の刃先を砥石に当てて研ぎ、糸刃を付けます。糸刃を付けた後、同じ天然砥石を使って包丁の裏面を研いでカエリを取ります。

私が研ぐ包丁の糸刃は、同じ「糸」でも「あぜ糸」ではなく「絹糸」のようなイメージです。それだけ細い糸刃を付けるということです。糸刃は包丁の刃を強くするために必要ですが、一方で切る時の抵抗にもなるため、より抵抗の少ない「絹糸」にします。

それぞれの包丁の重さに合わせて、その重さの力だけを使い（余分な力は入れない）、糸刃を付けるのが大切なポイントです。

■新聞で切れ味を確認（写真93P）

念のため、布砥でもカエリを取った後、新聞を切って切れ味を確認します。新聞が切れる時の「音」で、きちんと仕上がっているかどうかが分かります。「合格の音」であれば完成です。

「反り」を直す

「中子」を整える

「裏」と「峰」を整える

「帽子」を整える

「しのぎ」を整える

「山なり砥石」で研ぐ

切っ先側は砥石の奥の下りのカーブを使って研ぐ

アゴ側は砥石の手前の上りのカーブを使って研ぐ

切り刃の刃先側は左側のカーブを使って研ぐ

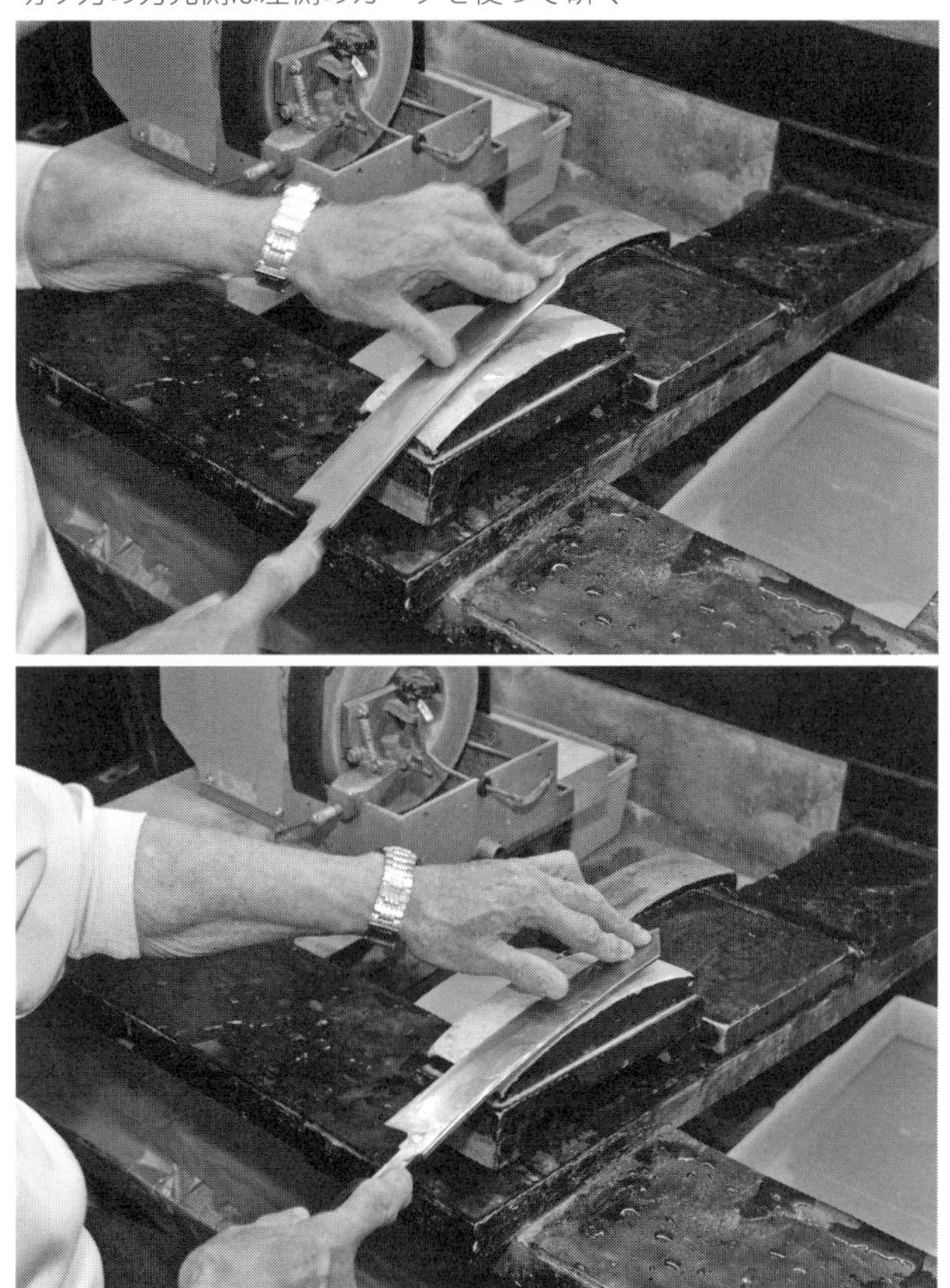

切り刃のしのぎ側は右側のカーブを使って研ぐ

「カエリ」を取る

「ダイヤモンドペーパー」で磨く

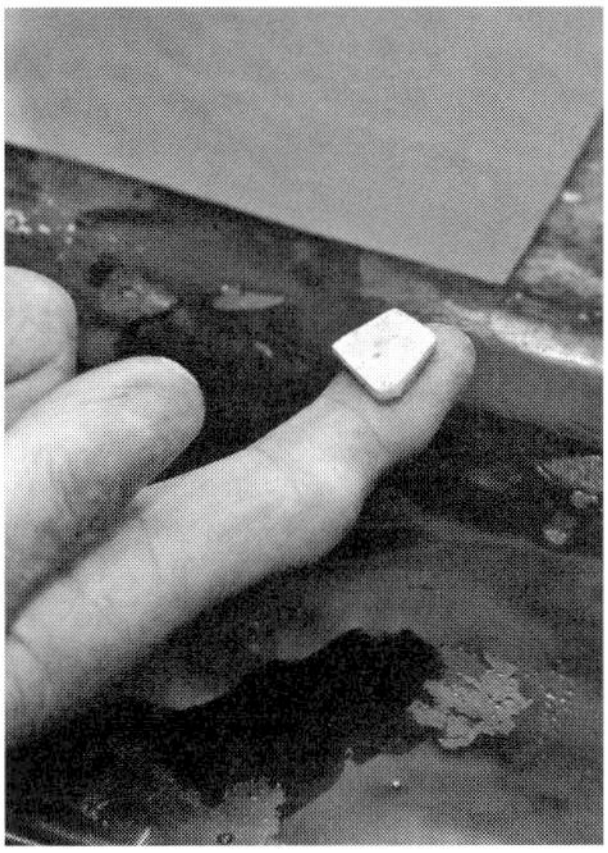

「糸刃」を付ける

新聞で切れ味を確認

第三章

切れを持続させるカギは維持管理
「研ぐな、減らすな」の包丁理論

「正しい維持管理」を伝えることも大事な仕事に

いくら良い包丁であっても、使う人の「維持管理」の仕方が間違っていると、包丁の切れは持続しません。維持管理の仕方も非常に重要なのが包丁です。

私が研ぐ包丁は、これまでにお話したように、包丁の素材も研ぎ方も、研究に研究を重ねて、切れ味の良さだけでなく、切れの持続性も実現しました。しかし、そんな私の包丁であっても、使う人の維持管理の仕方が間違っていると切れは持続しないのです。

そのため、研ぎおろした包丁を販売するようになってからは特に、自分自身の研ぎの技術を磨くことだけでなく、使う人に「正しい維持管理」の仕方を伝えることも私の大事な仕事になりました。その正しい維持管理の仕方を象徴する言葉が、「包丁は研ぐな、減らすな」です。

「包丁は研ぐな、減らすな」。この言葉を初めて聞いた料理人は一様にびっくりします。料理人にとっては、毎日、包丁を研ぐのが当たり前のことなので、いきなり「研ぐな」と言われれば驚くのも当然です。

毎日、包丁を研ぐことには、美徳のようなものもあるので、「料理人に対して〈研ぐな〉

とは失礼だ。何てことを言うんだ」と血相を変える料理人もいました。それくらい、料理人にとっては従来の常識と180度違う考え方です。

それでも、私は「研ぐな、減らすな」と伝え続けました。包丁を正しく維持管理してもらうためには、決して冗談なんかではなく、本当に「研ぐな、減らすな」を実践してもらう必要があったからです。

では、「研ぐな、減らすな」が、なぜ正しい維持管理の仕方なのか。その理由となっている私の包丁理論についてお話させていただきます。

「斜め45度」が正しいという根拠が見つからない

包丁の研ぎ方と言えば、砥石に対して包丁を横向きにして研ぐのが一般的です。そして、横向きにして研ぐ際、砥石に対して「斜め45度」にして研ぐのが正しいとされてきました（100Pの写真参照）。多くの料理人の方々は料理学校で、あるいは先輩の料理人から、そう教わってきたのではないかと思います。

しかし、結論から言えば、この「45度で研ぐ」ということ自体が、そもそも正しくないのではないかと私は考えています。長年、「45度で研ぐ」のが正しいとされてきたので、反論が多いことも予想されますが、敢えてそれを承知の上でお伝えさせていただきます。

なぜなら、「45度で研ぐ」ことが正しい研ぎ方であるという根拠が分からないからです。包丁の仕事に携わる者として、私はその根拠についてかなり調べましたが、誰に聞いても、どんな本を読んでも、納得できる根拠は見つけられませんでした。

では、なぜ、根拠が無いかもしれない「45度で研ぐ」ことが当たり前になっていったのか。私にとっては、それが不思議でなりませんでした。

そこで、自分ができる方法で調査してみたのです。どんな方法かというと、全国各地での聞き取り調査です。堺などで知り合った全国を売り歩いている金物屋さんの人たちに、「なぜ、45度で研ぐようになったのか」を各地で聞いてもらったのです。

その結果、分かったのは、「包丁を45度で研ぐのは、恐らく大工道具のカンナの影響だろう」ということでした。

昔は木造の建物ばかりだった日本では、木を削る大工仕事が古くから発展してきました。そのため、日本における研ぎのルーツは、ノミ、カンナといった大工道具にあると思われます。そして、かつてカンナは、幅2寸(約6㎝)のものが主流で、それに合わせて幅7㎝

くらいの砥石が作られたそうです。幅2寸(約6㎝)のカンナに対して、1㎝ほど余裕を持たせた幅7㎝の砥石です。

しかし、その後に幅3寸(約9㎝)のカンナが使われるようになりました。幅3寸(約9㎝)のカンナを幅7㎝の砥石で研ごうとすると幅が足りません。そこで、「斜め」にして研いだのです。斜めにすれば幅が足りるということで、「長いものは斜めにして研ぐ」ことが慣習となり、その影響を受けて、包丁は「斜め45度で研ぐ」ということになったのでしょう。

つまり、包丁を「斜め45度で研ぐ」のは、理にかなっているからではなく、単に「長いものは斜めにして研ぐ」という慣習によるものであると考えられるのです。

■「斜め」にして研ぐイメージ写真
右：カンナ　左：包丁

「砥石の面で研ぐ」のも理にかなった方法ではない

「斜め45度で研ぐ」ことだけでなく、包丁は「平な砥石の面で研ぐ」ことも常識です。しかし、私はこれについても、理にかなった方法ではないと考えています。その理由については、大工道具と包丁の形状の違いから説明することができます。

カンナを始めとした大工道具の刃物は、全体的に直線的な形状をしています。総じて平たく、厚みが均一です。一方、包丁は厚い部分と薄い部分があり、平ではありません。例えば、包丁は、アゴ側よりも切っ先側の方が、包丁の厚みが薄くなっています。切っ先側に向けて、だんだんと薄くなっているので、包丁の表面は平ではなく、カーブの「円」を描いています。

さらに、しのぎから刃先にかけての縦のラインも、一見、平のように見えますが、実際には、わずかなカーブがあります。刃付けの際にできるものです。私が作る「空気の通り道」とは別に、切り刃の縦のラインも、元々、小さな円を描いた形状になっているのです。また、和包丁の多くは、刃先のラインについても切っ先側にアールのカーブが付いています。切る時の「円」運動の動きに合わせたものです。

このように、言ってみれば「円」の組み合わせでできている包丁を、「平な砥石の面で研ぐ」のはとても難しいことなのです。「面」で研ぐのが理にかなっているのは、大工道具のように全体の形状が平な刃物です。

「円」の組み合わせでできている包丁は平ではないので、「面」で研ごうとしても、本当に研ぎたい場所が、砥石にきちっと当たらないということが起こりやすくなります。自分が研いでいると思っている場所ではなく、別の場所を研いでしまっているケースが多いのです。

「斜め45度で研ぐ」ことだけでなく、「砥石の面で研ぐ」ことも理にかなっていないと考えるのは、こうした理由からです。

多くの料理人の包丁が「余計に削れている」

「斜め45度で研ぐ」のが正しいと言える根拠が無いこと、「円」の組み合わせでできている包丁を「平な砥石の面で研ぐ」のは理にかなっていないことを説明しましたが、これには私の推論も含まれるので、100%正しいと断言するつもりはありません。

　しかし、料理人が毎日のように研いでいる包丁の多くが、元の形状を維持できず、「余計に削れてしまった包丁」になってしまっているのは事実です。１０４Ｐで紹介したのが、そのイメージ例です。このように切り刃の部分が大きく削れてしまっている包丁を、私はこれまでに数えきれないほど見てきました。

　料理人が毎日のように研いでいる包丁の多くが、このように「余計に削れてしまった包丁」になってしまうという事実が、「斜め45度」に根拠が無いことや、「円」の組み合わせででている包丁を「面」で研ぐことの矛盾を、物語っているのではないでしょうか。

　また、研いでいる時に「余計に削れてしまう」のは、包丁の「反り」も要因です。包丁が反っていると、「面」で研ぐのがより難しくなり、自分が研いでいると思っている場所ではなく、別の場所を研いでしまっているということが、さらに起こりやすくなります。包丁が反るのは「包丁の宿命」であることを第二章で説明しましたが、この点においても「反り」は包丁の大きな課題です。

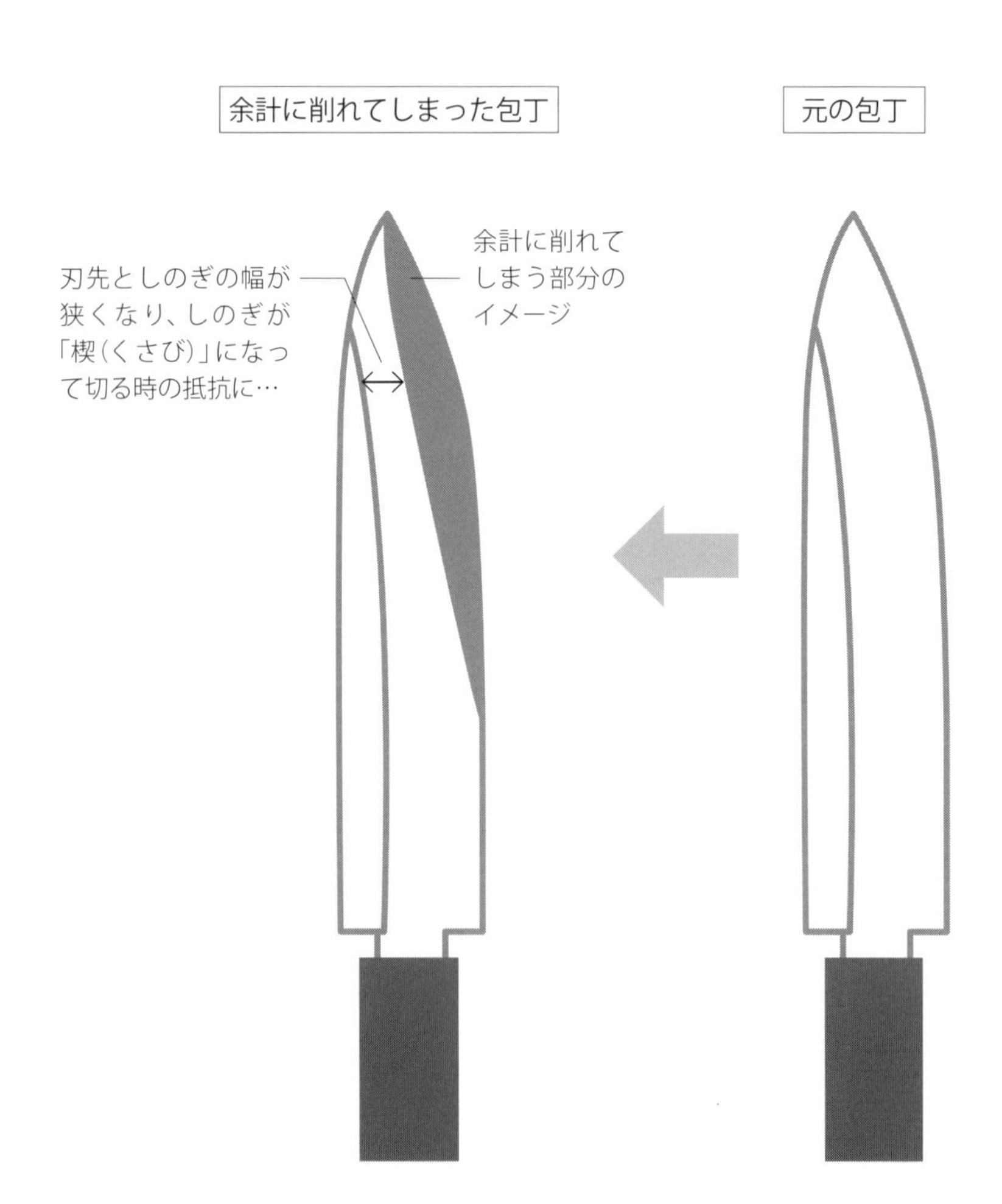
余計に削れてしまった包丁
元の包丁
刃先としのぎの幅が
狭くなり、しのぎが
「楔(くさび)」になっ
て切る時の抵抗に…
余計に削れて
しまう部分の
イメージ

料理人が研がなくても切れが持続する包丁

１０４Ｐのイメージ図のように「余計に削れてしまった包丁」は、さらに研ぐ↓余計に削れるということを繰り返し、包丁がどんどん減って使えなくなります。余計に削ってしまっているので、本来の包丁の寿命を全うしたとは言えません。とても、もったいないことです。

そして、包丁の寿命を縮めるだけでなく、食材を切るのに支障があるのが「余計に削れてしまった包丁」です。

切り刃が余計に削れて、しのぎと刃先の幅が狭くなってしまうと、食材を切る時にしのぎが「楔（くさび）」のような抵抗になります。大根を切れば割れるし、魚を切れば、楔の抵抗による摩擦が魚の繊維を痛めます。

このように切れ味を鈍らせないためにも、しのぎと刃先のラインが常に平行であることが包丁の正しい姿なのです。

では、どうやって「余計に削れてしまう」のを防ぐのか。

その答えが、「包丁は研ぐな、減らすな」です。研がなければ、包丁が減ることもありません。

このようにお話すると、「包丁は研ぐことで切れ味が戻る。それが当たり前ではないか」と反論されますが、実際に私が研いだ包丁は、基本的に料理人が研がなくても切れが持続しています。というよりも、料理人が研がないからこそ、切れが持続しているのです。

その理由についても、以下にお話させていただきます。

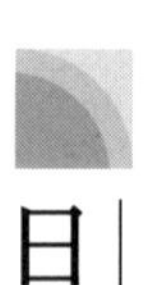

日々の手入れは新聞紙で「カエリ」を取るだけ

まず理解していただきたいのは、刃物が切れなくなる大きな要因は「カエリ」にあることです。

刃物で物を切るとカエリが出て、そのカエリが大きくなればなるほど抵抗も大きくなって切れなくなります。

逆に言えば、カエリを取りさえすれば、切れを持続させることができます。料理人の多くは、包丁を研ぐ際に「新しい刃を付ける」という感覚で研いでおり、「新しい刃を付けることで切れるようになる」と考えていますが、それだと「余計に削ってしまう」ことになります。まずはカエリを取ることを考えるべきなのです。

そして、ここで思い出していただきたいのが、第二章でお話した、包丁の相手は「繊維」であることです。大工道具の刃物が相手にしている硬い木に比べれば、遥かに柔らかい食材の繊維です。

相手が食材の繊維なので、基本的にカエリは小さいのです。わざわざ砥石を使って研がなければならないほど大きなカエリではない場合が多いのです。

特に私が研いだ包丁は、切った時の抵抗が少ないので、より小さなカエリです。砥石を使う必要はありません。私が研いだ包丁を使っている料理人に、包丁を使用した後の日々の手入れで使ってもらっているのは、砥石ではなく「新聞紙」です。

109Pの写真のように、包丁の刃先を新聞紙に当て、刃先を新聞紙でこするように数回、左右に動かしてカエリを取ります。これだけで日々の手入れは終わりです。新聞紙を使うのは、印刷されている文字のわずかな引っ掛かりが、小さなカエリを取るのに適しているからです。

ただし、ある程度、包丁を使っていると、新聞紙だけではカエリが取り切れないと感じる場合もあります。その時だけ、平な砥石を使って包丁の裏を研いでもらいます。研ぐのは裏だけで、決して包丁の表は研がないようにと伝えてあります。その必要がないからです。

さらに、包丁の裏を研いでも、切れ味が戻らないと感じた時などは、平な砥石で「糸刃」を付けるようにと伝えていますが、これは最終手段のようなものです。必ず必要というわけではありません。

例えば、私が研いだ刺身包丁の多くは、毎日の手入れを新聞紙で行いながら2〜3ヵ月に一度、裏を研ぐだけの維持管理で、何年も切れが持続しています。中には10年以上、時々包丁の裏を研ぐ以外は、一切、砥石で研いでいないというケースもあります。この維持管理の仕方で長期間、切れが持続することは、私が研いだ包丁を使っている多くの料理人が実証してくれています。

良い包丁を大切に長く使う文化を残すために

ここまでの話を改めて整理すると、私が「理想とする包丁」は、「使い手が研ぐ必要のない包丁」と表現することもできます。そして、使う人に「正しい維持管理」の仕方を伝えることは、私の「使命」とも言えます。「使命」というのは少し大袈裟かもしれませんが、それくらいの思いを持って「研ぐな、減らすな」と伝えてきました。

その根底には、「良いものを大切に長く使う文化」を残して行きたいという思いもあります。今は様々なものが「使い捨て」の時代になっており、それによって私たちは利便性を享受しているのかもしれませんが、何か寂しさも感じます。良い包丁を大切に長く使う文化が残っていくためには、包丁を作る側が「使い手が研ぐ必要のない包丁」を作り、包丁を使う側が「正しい維持管理」をするという作る側と使う側の関係が、もっと広く構築されていくべきではないでしょうか。

そして、長く大切に使うためには、使う側の心掛けも大切になります。例えば、より硬いものを切る際には、それ専用の包丁を使うべきですが、そうした包丁の使い分けがいい加減だと、無駄に包丁を傷めてしまいます。

また、食材を力任せに切って、包丁をまな板に強く当てるような切り方をしていると、当然、包丁の刃は傷みやすくなります。包丁を大切に長く使っている料理人は、極力、包丁を傷めない切り方のテクニックも備えています。それがプロの技術です。

さらに言えば、まな板も、もっと吟味されるべきではないでしょうか。最近は衛生的であると理由で、合成素材のまな板が使われることが多くなりましたが、私の個人的な意見としては、檜（ひのき）や公孫樹（いちょう）などで作られた上質な木のまな板の方が包丁の刃を傷めません。なおかつ、木のまな板を不衛生と決めつけるのは早計のように思います。

「包丁を作る側も使う側も、より上を目指して互いにプロの技術を磨いていく」。そうした関係性が大切だと思いますし、少なくとも私自身は、料理人の方々と切磋琢磨してきたからこそ、「理想とする包丁」と「正しい維持管理」を、ここまで探求することができたのだと考えています。

「カエリ」の有る無しを判断できることが重要

日々の手入れでカエリを取りさえすれば、切れが持続するのは、私が研いだ包丁に限ったことではないと思います。もちろん、元々、切れ味の悪い包丁や、簡単に刃が傷んでしまう包丁は、維持管理の仕方を改善しても、それ以上に切れ味を良くしたり、切れを持続させるのは難しいでしょう。

しかし、ある程度のクオリティーの包丁であれば、無闇に砥石で研ぐのではなく、まずはカエリを取るだけで、切れの持続性が高まる可能性があります。先ほどお話した「日々の手入れは新聞紙でカエリを取り、それでもカエリが取れていないと感じた時だけ包丁の裏を研ぐ」という維持管理の仕方です。

そして、この維持管理の仕方においては、カエリの有る無しを判断できるようになることが大切なポイントになります。小さなカエリは見た目では分からないので、カエリが取れているかどうかを判断するには、114Pの上の写真のように刃先に指を当て、きちんとカエリが取れている時と、そうでない時の違いが分かるようにならなければなりません。

刃先に指を当てる際は、指が切れないように力加減を調整する必要がありますが、それもさほど難しくはありません。刃先に当てた指に意識を集中すれば、カエリが残っている場合の少しギザギザした感触を感じ取ることができる力加減が分かるようになります。

また、114Pの下の写真のように新聞紙を試し切りし、その時の音や切れ味で、きちんとカエリが取れているかどうかを判断することができます。実際、私は料理人の方々に維持管理の仕方を教える時、わざとカエリを残した包丁で新聞紙を切ってもらい、きちんとカエリが取れている時との違いを知ってもらうようにしています。新聞紙の試し切りで判断するこの方法も、何度かやっているうちに感覚を掴めるようになるでしょう。

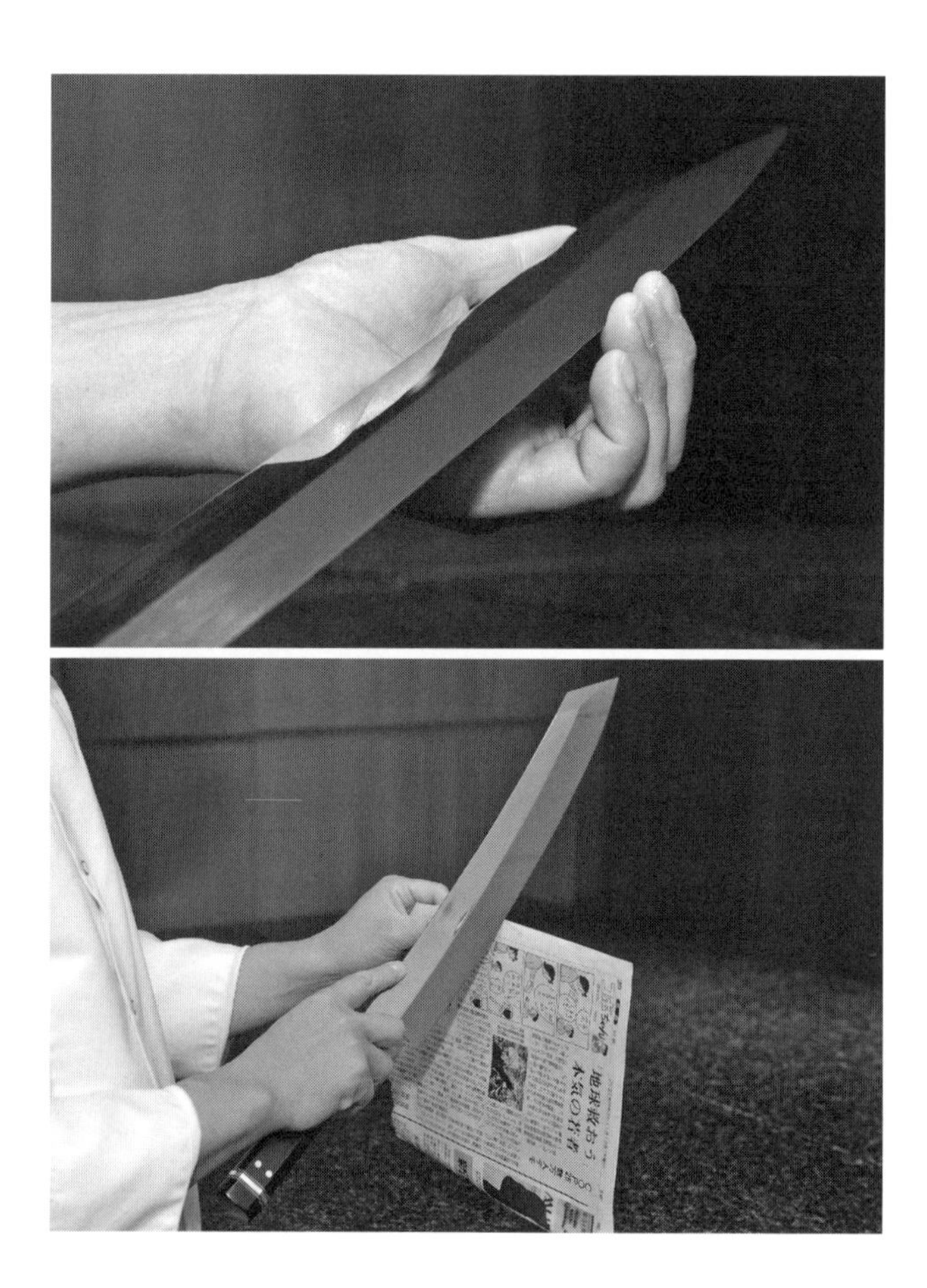
地球救おう
本気の若者

包丁についての考察が深まることを願って

「研ぐな、減らすな」という私の包丁理論について説明しましたが、実際には多くの料理人が、日々の包丁の手入れにおいて、砥石で研ぐことを最優先しているのが現状です。砥石で研ぐと、一時的に切れ味が良くなるからでしょう。そうでなければ、「包丁は研ぐことで切れ味が戻る。それが当たり前ではないか」という考えには至りません。

では、一時的ではあったとしても、砥石で研ぐことで、なぜ切れ味が良くなるのか。それは、砥石で研ぐことによって、研ぐ前に比べれば、カエリが取れていることが大きな理由だと思います。

しかし、先にも説明したように、食材の繊維を切った包丁のカエリは、元々は小さいものです。砥石で研くことで、余計にカエリを出してしまうことになります。しかも、そのカエリが取れているかどうかをしっかりと確認できていないと、カエリが残ることになります。カエリが残っているためにすぐに切れ味の悪さを感じて砥石で研ぐ、それを繰り返しているうちに包丁が余計に削れる…という悪循環になっている場合が多いのではないでしょうか。

もちろん、私が知らないだけで、「斜め45度で研ぐ」、「平な砥石の面で研ぐ」方法でも、包丁を余計に削ってしまうことのない研ぎ方を習得し、切れを持続させている料理人も多くいるのかもしれません。「多少、包丁が削れてしまっても、砥石で研ぐことで切れ味が戻るのであれば、それでいい」という考え方もあるでしょう。

そうした中で、私の包丁理論を一方的に押し付けようとは思っていませんが、それでも「真の包丁」と「正しい維持管理」についての考察が深まることを願って、お伝えさせていただきました。

もし、包丁業界や料理人の代表による「包丁会議」なるものがあれば、「研ぐな、減らすな」の包丁理論を議題に挙げて、皆さんに議論して欲しい。そんな風に思っています。

削るのではなく「整地」していく感覚が大切

包丁を「面」で研ぐことに矛盾を感じた私は、砥石の形状を自分でアレンジするに至りました。それが、第二章の研ぎの工程でも紹介した「山なり砥石」です。

この「山なり砥石」を使った研ぎ方は、先にも説明したように、山なりのカーブを活用して研ぐことで、包丁の研ぎたい場所だけを「点」で砥石に当てながら研いでいくイメージです。

山なりの形なので、「面直し」も独特の方法で行っています。119Pの写真で紹介している専用の道具を使います。

これは市販の素材を自分で削って、丸型の窪みを作りました(※119Pの下の写真が、丸型の窪みを説明するために砥石を逆さまにして撮影した写真です)。この丸型の窪みを「山なり砥石」に当て、何回か回転させて面直しをします。

丸型の窪みを「山なり砥石」のどことどこに当て、何回、回転させるのかは自然と決まっていきました。この場所と回転数なら上手く面直しができるということが、使っているうちに分かったのです。私の工房には、手作りのものがたくさんありますが、その中でも「よくこんなものを思いついたな」と我ながら感心するのが、この道具です。

また、第二章でも説明したように、この「山なり砥石」は、セメントを作るような感じの製法で作られたものであることから、私が「セメント砥石」と呼んでいるものです。とても硬く、包丁を研いだ時の減りが非常に少ない砥石です。

実際、包丁を研いでも黒い汁しか出ません。砥石がほとんど減らず、包丁の鋼やステンレス鋼だけが研磨されているため、黒い汁しか出ないのです。包丁の鋼やステンレス鋼に完全に勝っているということです。

それだけの硬さなので、研磨力自体は弱く、この砥石で包丁を研ぎ上げるのは根気が入りますが、その分、微妙な加減を見ながら少しずつ研磨していくことができます。「面」ではなく「点」で研ぎ、時間はかかっても硬い「セメント砥石」で根気よく研ぎ上げていくことで、包丁の表面を「整地」していくのが私の研ぎ方です。


包丁は「研ぐ」ものであって、「削る」ものでは決してありません。「削る」ではなく、「研ぐ」という言葉が使われたのは、「平らにする」、「成形する」といった意味を込めたからではないでしょうか。そうした研ぎの原点から言っても、削るのではなく「整地」していくという感覚が、包丁研ぎにおいてはとても大切だと思います。

砥石を固定するのではなく「包丁を固定して研ぐ」

「山なり砥石」を使えば、「面」ではなく「点」で研ぐことができますが、料理人の方々が自分で「山なり砥石」を用意するのは難しく、仮に用意できたとしても、「山なり砥石」のカーブを使った研ぎ方を習得するのは容易ではありません。現実的には難しいものがあります。

そこで、何か良い方法はないかと模索し、考案したのが「包丁を固定して研ぐ」方法です。砥石を固定するのではなく、包丁を固定する。文字通り、逆転の発想ですが、この方法が非常に効果的なのです。この方法であれば、料理人の方々も「面」ではなく「点」で研ぐことができ、包丁の「研ぎ直し」を簡単に行うことができます。

この方法で用意するのは、「砥石のかけら」です。砥石のかけらであれば、包丁を固定して研ぐことができるのです。さらにダイヤモンドペーパー（サンドペーパーでも良い）も用意すれば、私がやっているのと同じような感じで、より光沢を出すことができます。その手順を１２４Ｐからの写真とともに紹介したいと思います。紹介するのは片刃の和包丁を研ぎ直す場合の手順です。

写真では、＃３２０、＃４００、＃８００、＃１２００、＃１５００の砥石のかけらと、

#320、#600、#1000、#2000、#4000のダイヤモンドペーパーを用意しました。各5種類ずつです。ここまで揃わない場合は、目が粗いものから細かいものまでを各3種類くらい用意すれば大丈夫です。研ぐ包丁は、しのぎの線を決めるために、写真のようにガムテープを貼っても良いでしょう。

そして、包丁を固定して研ぐ場合の注意点として、124Pの下の写真のように段差を使って包丁をしっかりと固定し、包丁の刃は下に敷いたものと必ず密着させるようにしてください。包丁の刃が浮くと、怪我をしやすくなります。

研ぎ方については、いたって簡単です。切っ先側を奥にして包丁を置き、しのぎの線と平行した縦の動きで研いで行けば良いだけです。砥石のかけらであれば、研ぎたい場所にしか砥石が当たりません。

砥石を固定した通常の研ぎ方だと、先にも説明したように「自分が研いでいると思っている場所ではなく、別の場所を研いでしまっている」ということが起こりやすくなりますが、包丁を固定して砥石のかけらで研げば、それを簡単に防ぐことができるのです。

砥石のかけらとダイヤモンドペーパーの使い方としては、#320の砥石のかけらで研いだら、次は#320のダイヤモンドペーパーで磨く、その次は#400の砥石のかけらで…という具合に、目の粗いものから細かいものへと、交互に使ってください。

そして、全体を研ぎ上げていく過程のどこかで、「空気の通り道」も作りましょう。その際は、126Pの上の写真のように、別の砥石を使って、砥石のかけらが、なだらかな山なりの形になるように研いでください。そのなだらかな山なりの部分で、しのぎと刃先の中間当たりを集中的に研げば、「空気の通り道」ができます。

ただし、研ぎすぎると、刃が弱くなってしまうので注意してください。52P～で紹介したように、水が一方方向に流れるようになるのが目安です。


包丁の表を研ぎ終わったら、裏側もダイヤモンドペーパーで磨いて整えます。表も裏も終わったら、最後に「糸刃」を付けます。糸刃を付ける際は、平な砥石を使ってください。

第二章の研ぎの工程でも紹介したように、「刃腰」と呼ぶ45度の角度で包丁の刃先を砥石に当てて研ぎ、糸刃を付けます。それぞれの包丁の重みに合わせて、その重みの力だけで糸刃を付ける感じです。糸刃を付ける際は、必要以上に力を入れ過ぎないように注意してください。糸刃をつけた後は、裏側を平な砥石で研いでカエリを取ります。

最後に新聞紙の表面で刃先をこすり、残っているかもしれないカエリを取ります。そして、新聞紙を試し切りし、問題が無ければ完成です。

使っていない古い包丁を復活させてみよう

紹介した「包丁を固定して研ぐ方法」による「研ぎ直し」は、もう使っていないような古い包丁で、まず試してみていただければと思います。使っていない古い包丁であれば、仮に上手く研ぎ直すことができなくても痛手にはなりません。使っていない古い包丁の切れ味が復活すれば、それこそ「儲けもの」という感覚で試すことができるのではないでしょうか。

しかも、古い包丁を復活させるメリットがもう一つあります。第二章でも説明したように、包丁の素材は、長い期間、寝かせた方が素材として成熟します。何年も使っていない古い包丁を研ぎ直すことで、素材が成熟した、より良い包丁を手に入れることができるメリットもあるのです。

「包丁を固定して研ぐ方法」は、一本を研ぎ直すのに数時間はかかるかもしれません。それでも古い包丁が復活したら、喜びもひとしおかと思います。

しのぎと刃先の幅をどれくらいにするのか、包丁の表面をどれくらいきれいに磨きあるのかは、好みで決めてもらって構いません。大事なのは、しのぎと刃先の間を丁寧に「整地」して行くことと、「空気の通り道」を作ることです。

包丁を固定して研ぐ際の材料と手順

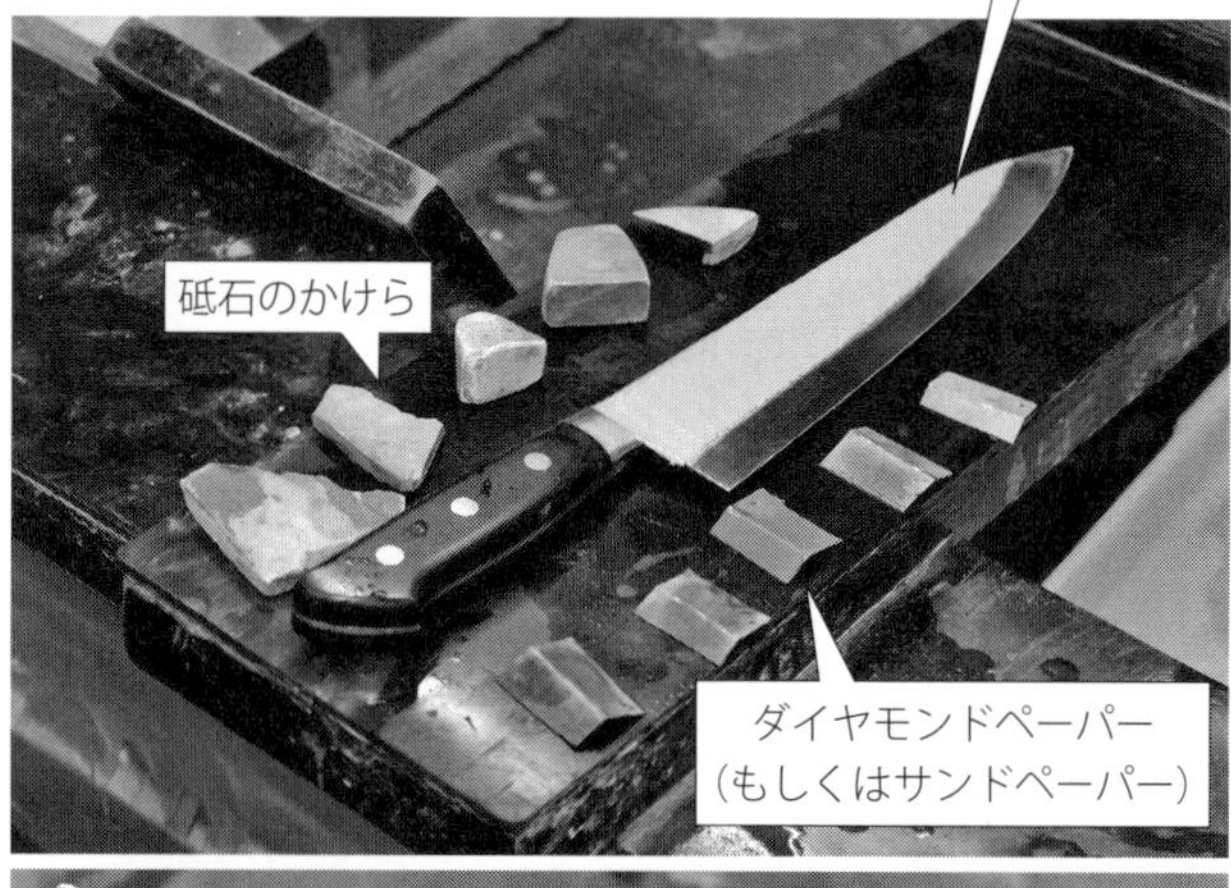

砥石のかけらで研ぐ
ダイヤモンドペーパーで研ぐ

砥石のかけらが山なりになるように研ぐ。
山なりにした砥石で、しのぎと刃先の中間当たり
を集中的に研いで、「空気の通り道」を作る
必ず刃を向こう側に配置し、
指を怪我しないように注意する
包丁の裏もダイヤモンド
ペーパーで研ぐ

平らな砥石で「糸刃」をつけ、カエリを取る

新聞紙の表面で、刃先を左右にこすってカエリを取る

第四章

「見せる包丁」「より実用的な包丁」包丁は時代とともに進化する！

料理する姿や手さばきが美しい「見せる包丁」

何事もそうだと思いますが、現状に満足してしまったら進化はありません。時代に合わせて変わって行くことが大切です。そして、進化していくには、従来の常識を打ち破るような発想も時には必要です。常識の枠にとどまっているだけでは、新しいものは生まれません。

包丁も同じです。包丁は昭和の時代におおよその基礎が作られましたが、それはあくまでも基礎であって進化の余地が多分にありました。少なくとも私はそう考えて、常に時代に合わせた包丁を作っていくことを自らに課してきました。私の包丁は、昭和の後期から平成の時代にかけていくつかの大きな変化を遂げており、この令和の時代においてもさらなる進化に挑んでいます。

この最後の章では、私が時代の変化をどう捉え、どのように包丁の進化に挑んできたのかをお話させていただきます。

切れ味や切れの持続性の向上だけでなく、私は「包丁の見た目」についても常に「進化」を意識してきました。時代とともに、料理人は料理を作るだけの存在ではなくなってきたからです。料理する姿や手さばきを、美しく、かっこよく「お客様に見せる」ことも料理人に求められるようになる中で、それをサポートする「見せる包丁」を作っていくことが重要だと考えたのです。

そうした中で、私が研ぎおろす包丁はステンレス包丁がメインになっていきました。鋼（はがね）の包丁よりも、ステンレス鋼（こう）の包丁の方が錆びにくく、見た目の清潔感や美しさをお客様にアピールできるからです。

ただ、私がステンレス包丁に切り替えた当時は、料理人の間では、まだまだ鋼の包丁が全盛でした。今でこそ、ステンレス包丁を使う料理人が増えましたが、当時は「ステンレス包丁は家庭の主婦が使うものであって、プロの料理人が使うものではない」という偏見があったのです。

確かに、鋼の包丁にはより長い歴史があります。鋼の包丁ならではの良さもあります。ステンレス包丁が流通していなかった時代には、私も鋼の「本焼き」と「合わせ（霞）」の研ぎ方をとことん研究しました。「いつかは最高の本焼きを使いたい」と話す料理人は多く、その気持ちも決して分からないわけではありません。

それでも、鋼の包丁が錆びやすいのは、「見せる包丁」という観点からすると大きな欠点です。錆びている包丁を使っている料理人の姿は、お客様の目に美しくは映りません。下手をすると、料理は美味しいのに錆びた包丁が目に入って興ざめ…ということにもなってしまいます。包丁の見た目一つで、お店や料理の価値も左右されると考えた私は、まだ鋼の包丁が全盛だった時代に、ステンレス包丁の可能性に着目したのです。

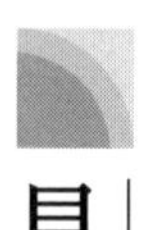

見た目と切れ味を両立したステンレス包丁

ステンレス包丁の可能性に着目したのは、単に錆びにくいことだけが理由ではありません。私が理想とする切れ味や切れの持続性を実現できなければ、ステンレス包丁をメインにすることはなかったでしょう。それを実現できるステンレス鋼の素材が出てきたからこそ、「これからの時代はステンレス包丁だ」という確信を持つことができたのです。

ステンレス鋼もモノによって品質は様々です。ステンレス鋼に含まれるクロムや炭素の含有量などによって、どのように品質に差が出るのかを徹底して勉強しました。そうした中で、「これなら理想とする切れ味と切れの持続性を実現できる」というステンレス鋼と出会って使うようになったのです。

そうして使い始めてから、かなりの年数が経ちましたが、ステンレス鋼は「より抵抗の少ない包丁」を作るという点においても私にとって欠かせなくなりました。その理由の一つが、ステンレス包丁ならではの「刃先」の仕上がりです。包丁の刃先は、顕微鏡などで拡大して見ると、ノコギリのようなギザギザ状になっていますが、私が研ぎおろすステンレス包丁は、このギザギザの数が少ないようなのです。

以前、専門家に頼んで、最高に研ぎ上げたと思える鋼の包丁と、ステンレス包丁の刃先を、それぞれ拡大して撮影してもらったことがあります。すると、鋼の包丁よりも、ステンレス包丁の方がギザギザが少なかったのです。

一度、調べてもらっただけなので、はっきりとしたことは言えませんが、これは研ぎ方の違いによるものではなく、鋼とステンレス鋼の素材の違いによるものだと私は考えています。そして、刃先のギザギザが少ないことも、「より抵抗の少ない包丁」にするのに一役買っているのではないかと推察しています。

刀のような曲線と帽子が「坂下フォルム」

私の包丁の特徴の一つは、「峰」の部分が刀のような曲線を描いていることです。第二章の研ぎの工程で紹介したように、切っ先に近い部分には刀からヒントを得て包丁に取り入れた「帽子」もあります。刀のような曲線と帽子も、「見せる包丁」を意識する中で考案したものです。

中でも刃渡りが長い刺身包丁は、このデザインが特に映えます。おかげさまで、このデザインが「かっこいい」ということで、私の包丁を使いたいと考える料理人も多いようです。ある人は、このデザインを「坂下フォルム」と命名してくれました。刺身の切り付けは、お客様の目の前で行うことが多く、私も刺身包丁の見た目にはよりこだわってきたので、実際に料理人をかっこよく演出できているのであれば嬉しい限りです。

最近では、刃渡りが1尺3寸(約39㎝)もある刺身包丁の依頼も増えています。これだけの長さで刀のような曲線があると、お客様を圧倒するような見た目です。

実際、私が研ぎおろした刺身包丁を使っていると、お客様から「その包丁、すごいね」と声をかけられることも多いようです。中には、料理人が使っているのを見て自分も欲しくなった一般の方から、私に注文が入ることもあります。

料理人にとっては、お客様とのコミュニケーションも大事な仕事かと思うので、私の包丁が会話のきっかけになっているのも嬉しいことです。

包丁の「立ち姿」からインスピレーション

私の事務所には、何本もの包丁が「立った」状態で並んでいます。私は、この「立ち姿」が好きです。包丁の「立ち姿」をじっと眺めていると、新しいアイデアが浮かんでくるような感じがするのです。

実際、私は事務所のソファに座り、ズラリと並ぶ包丁の「立ち姿」を眺めながら、何時間も考え事をすることがしばしばあります。「何か新しいアイデアはないか」と、ずっと瞑想にふけっているような感じです。

お酒を飲んでいた時は、ウイスキーを飲みながら考え続けました。飲んでいるというよりも、口に含んで考える感じなので酔いはしないのですが、気がつけばウイスキーのボトルが空になっているのが常で、2ヵ月で8ℓくらいのウイスキーを空にしていました。

お酒の飲みすぎは、決して褒められたことではありませんが、こうして考え続けることで閃いたアイデアが、私の今の包丁につながっています。包丁の「立ち姿」が、私にインスピレーションを与えてくれたのは間違いありません。

ちなみに、包丁を立てる支えとして使っているのは、ゴムの素材を使った手作りのものです。元々はゴムのまな板の素材で、その切れ端を買って三角形にカットしました。この支えの良い点は、まずゴムは腐らないので長持ちします。そして、三角形の支えは包丁が倒れにくく、数年前の大きな地震の時も倒れませんでした。

また、包丁の「立ち姿」は、商売の面でも効果がありました。すし店の組合の全国大会に業者の一つとして出展した時、私が包丁を立てて並べていると、「包丁が立っている！」とみんなが一様に驚き、大きな反響があったのです。平成の半ば頃のことだったと思いますが、これをきっかけに顧客になってくれたすし店が多く、商売の面では、これも私の転機となった出来事の一つです。

「絶妙な砥石」と「魔法の粉」を使う文様の技

包丁の「見た目」についてお話させていただいた流れで、「合わせ(霞)」包丁の文様の技術についても紹介させていただきます。

「合わせ(霞)」包丁は、先にも説明したように、鋼と軟鉄を合わせて作ります。この鋼と軟鉄の境目に当たる部分を、美しく仕上げることも、研ぎの世界では注目される技の一つです。鋼の包丁がメインだった時代に、私はこの技についても、誰にも負けたくないという気持ちで研究しました。その結果、「坂下の文様はずば抜けて美しい」と、ちょっとした評判になったのです。

この技のポイントは、砥石にあります。砥石の小さなかけらで、鋼と軟鉄の境目を丹念に研ぐのですが、私はこれに最適な砥石を見つけました。軟鉄だけを研磨し、鋼は研磨しない。そのバランスが絶妙な砥石です。軟鉄は研磨しても、鋼は研磨せず、鋼にはほとんど傷がつかないので、軟鉄と鋼の境目がよりくっきりと美しくなるのです。

さらに、もう一つ、「魔法の粉」を使います。「魔法」と言ったのは、理屈では説明できない効果を発揮してくれる粉だからです。

この粉は、私が使っている天然砥石の砥汁を溜めて布で漉し、乾燥させた粉です。砥石のかけらで研ぐ時に、この粉も一緒に研磨材として使うことで（１４０Ｐの写真）、より美しい仕上がりになります。砥汁を漉して乾燥させた粉を使うのは、堺で教えてもらった方法で、それをヒントに作った「魔法の粉」です。

包丁に「名前」を彫るのを止めた理由

私は包丁に「名前」を彫りません。名の知れたところが作っている包丁などは、柄に近い部分に、その名前が彫られているのが一般的ですが、私は平成初期の1990代から名前を彫らなくなりました。

きっかけは、当時、大きな問題となったO―157による食中毒です。この出来事をきっかけに、何よりも大事なのは「衛生的であること」を改めて認識しました。包丁に名前を彫ると、そこに菌がたまってしまう恐れがあるかもしれない…。そう考えて、名前を彫ることは一切、止めようと決めたのです。

名前を彫ってあるからといって、食中毒のリスクが高まると決めつけているわけではありません。実際には、ほとんどリスクは無いのかもしれませんが、自分としては「衛生的であること」を第一に考えるのであれば、わざわざ名前を彫る必要はないのではないかと判断したのです。

名前を彫るのか、彫らないのか。それは、とてもささいなことかもしれませんが、従来の常識に捉われず、時代に合わせた包丁を作っていくことを信条としている私の取り組みの一例として、紹介させていただきました。

洗練されたデザインの「7角」の柄

包丁の見た目と使いやすさ。この二つの点から、私は包丁の「柄」についても、従来の常識に捉われず、我が道を進みました。借金を抱えて苦労した頃に比べれば、資金的に少し余裕ができたのに合わせて、特注で発注した柄を使うようになったのです。

その素材は、「本花梨　虎杢(ほんかりん　とらもく)」、「ピンクアイボリー」、「ブラジルウッド」など。重硬で耐久力の高い材質を厳選しています。例えば、中心部分に「本花梨　虎杢」を使い、その上下に「黒檀(こくたん)」や「オルタネイティブ　アイボリー」を配するなど、見た目にも洗練された印象になっています。私の包丁専用で発注している、他には無いオリジナルの柄で、新しい素材を使ったさらに斬新な柄も作ってもらっています。

そして、より使いやすいくするために柄を「7角」にしました。普通の柄は6角か8角ですが、柄を握った時の「握りやすさ」や「手とのフィット感」を追求した結果、7角になったのです。

私は「研ぎ直し」を行う際、必ず柄を抜き、「中子」を研磨してきれいな状態に整えます。そうして毎日、様々な包丁の柄に触れてきたので、微妙な形状の違いによって柄の握りやすさや手とのフィット感が変わることを自然と覚えました。

この長年の経験を元に、「理想の柄」として辿り着いたのが7角の柄です。7角の柄は、モノによって例外や多少の違いはありますが、144Pの図のような形状をしています。左右の平面部分の幅が広く、上部の角部分は尖らせずに山なりにしていることなどが特徴で、おかげさまで、この7角の柄もとても好評です。

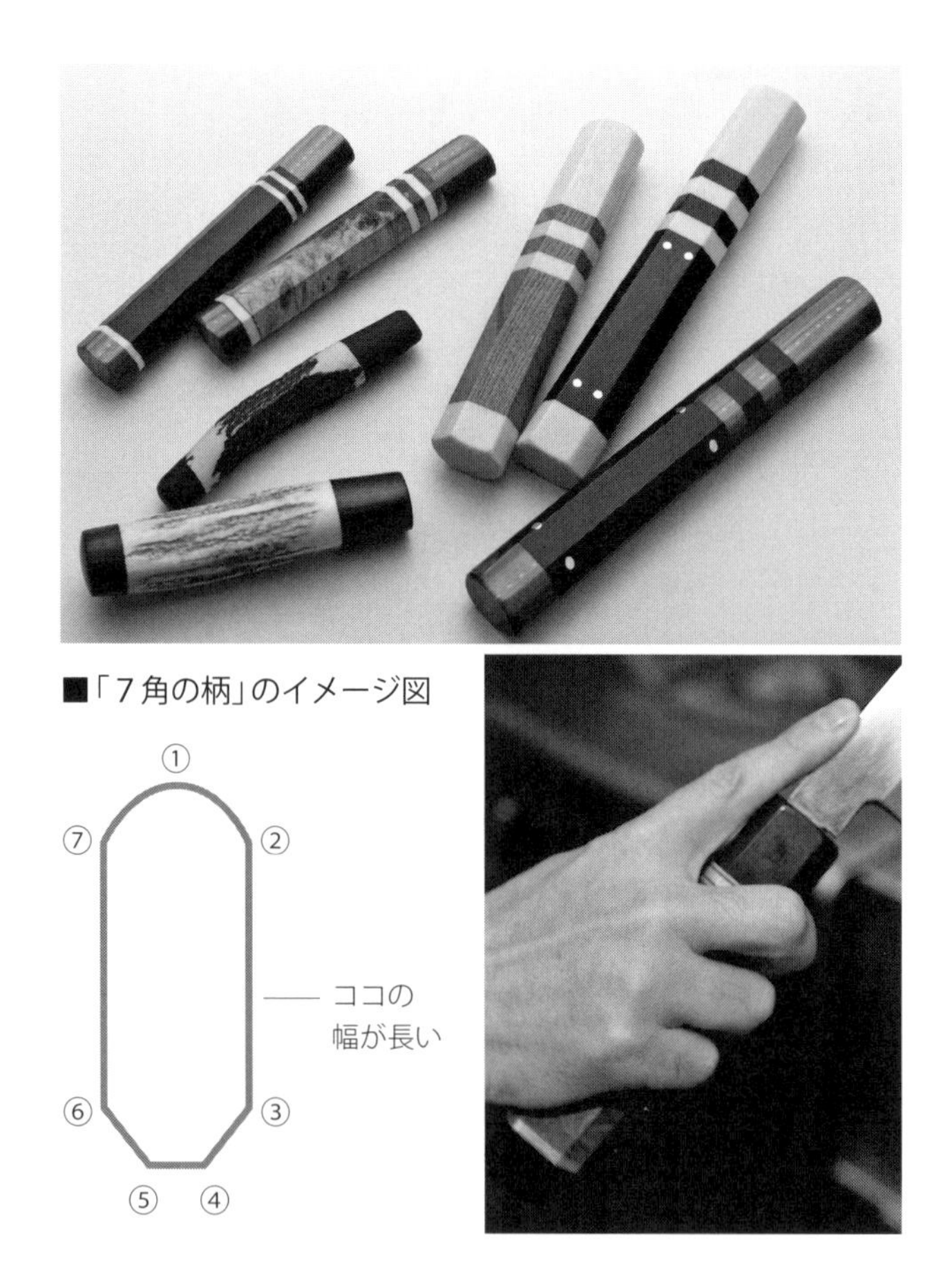
■「７角の柄」のイメージ図
①
②
③
④
⑤
⑥
⑦
ココの
幅が長い

「着物の帯」で作った手製の袋で包丁を送る

「普通ではつまらない」。なぜ、そう思うのかは自分でも分かりませんが、私には常にそういう感覚があります。単にあまのじゃくなのかもしれませんが、よく言えば、好奇心が旺盛で、人の真似事が嫌な性分です。

私の包丁を購入してくれた方々には、「着物の帯」でこしらえた手製の袋に入れて包丁を送るのですが、これも私の性分がそうさせました。「箱に入れて送るのは普通すぎてつまらない」と考えているうちに思いついた方法です。

着物の帯でこしらえる手製の袋は、妻の敏子がミシンで縫って一つひとつ、作っています。着物の帯にはいろんな柄があるので、それぞれの袋にオリジナリティーが感じられ、何よりも日本の伝統である着物と包丁は相性が良いように思います。包丁を受け取った方々に、より喜んでもらえたらという思いで、長く続けてきたことの一つです。

私は人に喜んでもらえると、それが力になってさらに頑張ることができる性分でもあります。包丁を受け取った方から、「包丁もさることながら、着物の帯の袋にも感激しました」などと言われると、ますます頑張ることができるのです。

「牛刀」から作る「薄くて軽い実用的な包丁」

今、私が新たに注力しているのは、「牛刀」を研ぎおろして作る出刃包丁や刺身包丁です。西洋の包丁である牛刀を、なぜ用いるのかというと、素材として大きな可能性を秘めた牛刀を見つけたからです。元々、西洋の包丁であることは、私にとってはさほど意味が無く、優秀な素材として採用したということです。

どのように優秀であるかというと、私が見つけた牛刀は、包丁の厚みがかなり薄く、それでいて強度があり、一定期間寝かせてあったので素材としての成熟も満足のいくものでした。

この牛刀を研ぎおろせば、より薄くて軽い、実用的な包丁を作ることができると考えたのです。

そうして作ったのが、「より実用的な出刃包丁」です。最近は、「魚丸ごと」ではなく、「魚屋さんに捌いてもらった魚」を仕入れるお店が増えました。京都などでは特にそう感じます。

店で「魚丸ごと」を捌かないのであれば、硬い骨などを叩き切るような切り方をする必要がないことから、出刃包丁は従来より「薄く、軽く」した方が実用的なのではないかと、常々、考えていました。

その考えを、牛刀で実現したのです。１４９Ｐの下の写真のように、牛刀を研ぎおろして作った出刃包丁は、「本出刃」より厚みが薄く作られている「相出刃」と比較しても、かなり薄くなっています。

出刃包丁としては驚くほどの軽さです。薄くて軽く、切れ味も申し分ないので、魚の身をおろすだけでなく、そのまま刺身の切り付けにも使うことができる汎用性の高い出刃包丁になっています。

■研ぎおろす牛刀のイメージ図

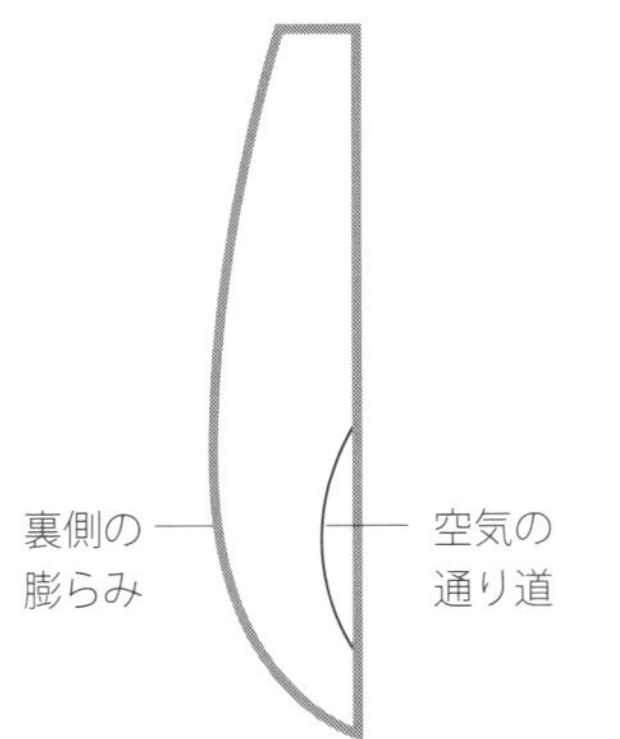

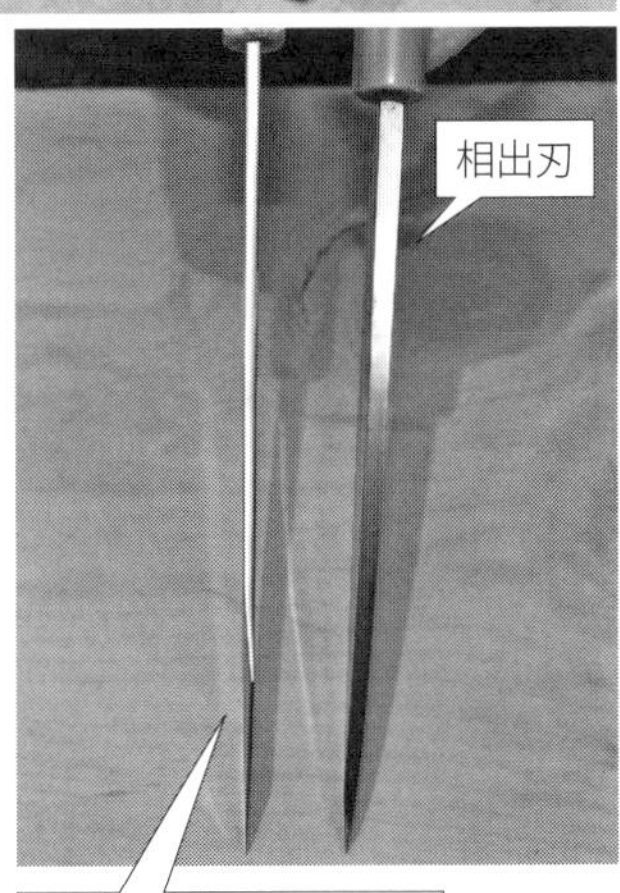

牛刀を研ぎおろして
作った出刃包丁

和と洋の垣根も超えていく「令和の包丁」

牛刀を研ぎおろす際の研ぎ方については、牛刀の「裏側の膨らみ」をそのまま生かすのがポイントです。「裏スキ」している片刃の和包丁とは異なり、両刃の牛刀は裏側がわずかに膨らんだ形状をしています。149Pの図は、その膨らみを大きく描いて、分かりやすくイメージしたものですが、この「裏側の膨らみ」を、包丁の強度を保つ「支え」として活用するのです。

元々の包丁の厚みがかなり薄いので、仮に「裏スキ」されていると、表側に「空気の通り道」を作った時に強度を維持するのが難しくなりますが、この課題を「裏側の膨らみ」が解決してくれるのです。「空気の通り道」を作っても、「裏側の膨らみ」が支えとなって強度を保っています。

なお、刃先は両刃です。牛刀の両刃を、敢えて片刃に変える必要性が無いことから、表と裏の両方に刃を付けます。

牛刀を研ぎ下ろして作る包丁は、出刃包丁だけでなく刺身包丁も作っています。牛刀から作る刺身包丁は刃渡りが約27㎝なので、先に紹介した約39㎝の刺身包丁などに比べれば、「見せる包丁」という点では迫力に欠けますが、より薄くて軽いので実用的に使うことができます。例えば、刺身の切り付けだけでなく、野菜にも適しています。大根やトマトを切っても切れ味は抜群です。

また、これからの時代は、包丁の世界においても、和と洋の境がどんどん無くなっていくのではないかと私は考えています。肉を切るのも、魚や野菜と同じように、食材の繊維を相手にしていることに変わりはありません。繊維に対して、より抵抗の少ない包丁が切れ味の良い包丁であり、仕事がしやすい包丁であることは和食でも西洋料理でも同じです。

実際、牛刀を研ぎおろして作る包丁は、西洋料理の料理人に使ってもらうことも想定しています。肉を切るのにも適しており、加えて、刃渡りがさほど長くないので西洋料理においても実用的です。すでにフレンチの料理人などから、「ぜひ使ってみたい」というオーダーが入っています。

「和と洋の垣根を超える実用的な包丁」。そうした進化を遂げたという意味も込めて、牛刀を研ぎおろして作る包丁を、私は「令和の時代の包丁」と考えています。

料理人と研ぎ職人の切磋琢磨で包丁は進化する

最近は、若い料理人の経営者からアドバイスを求められることも多くなりました。私は飲食店を経営したことがないので、たいしたアドバイスができるわけではありませんが、「攻めの気持ちを忘れてはいけない」ということは伝えるようにしています。

例えば、1万円で売りたいと思っていても、自信がないから8000円にしてしまう。これは良くありません。1万円で売りたいなら、逆に1万2000円、1万5000円…で勝負するくらいの攻めの気持ちを持つことが、結果的に自身の成長につながるのではないでしょうか。

どうしても人間は、一歩引いてしまう。しかし、それでは上に行けません。私がお付き合いさせていただいている名だたる料理人の方々は、やはり攻めの気持ちを常に持ち続けています。その姿を見てきたこともあって、若い料理人には「攻めなあかん」と発破をかけます。

また、研ぎ職人の一人として、砥石の扱いが間違っている料理人には注意もします。砥石を水につけたまま、流しの下に置いているのを見かけますが、これは良くありません。水に漬けたまま放置したり、濡れ雑巾で包んだりしていると、水分で砥石が劣化しやすくなります。しっかり乾燥させておいて、研ぐ時だけ水を使う。その基本は必ず守らなければなりません。

水に漬けていない場合も、足元に置くのはお勧めしません。まな板は床から80㎝くらいの場所に置きますが、その高さというのは、調理場において湿気の度合が一番よい高さと言われます。まな板の高さよりも上になればなるほど乾燥し、下になればなるほど湿気が多くなります。つまり、砥石もまな板と同じ高さに置くことをお勧めします。

さらに言えば、「砥石」の「砥」には「氏」という字が使われています。「氏神様」の「氏」という字が使われている「砥石」を、足で蹴とばすかもしれない足元に置くのは失礼千万です。

精神論ではありますが、こうした礼節にも配慮できる料理人が、伝統を大切にしながら進化も遂げた素晴らしい料理を作るのではないでしょうか。

最後に少し説教くさい話をしてしまいましたが、とにかく私は、これからも料理人の方々と切磋琢磨していきたい。ある料理人から、「坂下さんの包丁を持つと背筋がピンと伸びる。プロの料理人としてのスイッチが入ります」と言っていただきましたが、私は包丁を通して、料理人の方々に何かしらの刺激を与えることができる存在であり続けたいと思っています。

これからは、温暖化の影響などで食材が変化していくことも予想されます。食材が変化し、その繊維の成り立ちなども変わっていくのであれば、それに合わせて包丁もさらに進化しなければなりません。

「包丁は時代とともに進化する」。それは、この先の未来も変わることのない真理であると私は思います。

おわりに　～人の心はニラの葉に包まれる～

私の母は奄美大島の出身です。奄美大島の伝統的な織物である「大島紬」を作っていました。そんな母から聞いた言葉が「人の心はニラの葉に包まれる」です。

ニラの葉は、何かを包めるような大きさの葉ではない。それなに人の心は包めてしまう。人の心とは、それくらい繊細であるという意味だったと思います。


母の思い出と言えば、誰彼かまわず、家に上げてお茶を出していたことです。困っている人がいれば話を聞き、貧しい暮らしの中でも精いっぱい、人をもてなしていました。

驚いたのは母の葬儀の時です。驚くほどの花で溢れかえったのです。道にすべて並べることができず、半分くらいは返却したほどです。それを目にした時、「母がやってきたことは、人々の心に伝わっていたのだ」と気づきました。当時は私にとって苦しい時期でしたが、「相手を思う気配りを大切にしていれば、きっといつか伝わる。自分も研ぎの世界で頑張っていこう」と、溢れかえる花を見て勇気づけられたのです。

切れ味や切れの持続性を追求するだけでなく、「怪我をしにくいように」、「もっと使いやすいように」、「料理人一人ひとりに合わせた包丁に」…と、たかが一本の包丁であっても、相手のことを思う気配りを忘れずに、ここまでやってこれたのは、母のおかげかもしれません。一つひとつの気配りは小さなことかもしれませんが、それが積み重なることで、「理想の包丁」という大きな形を実現できるのだと信じて、包丁を研ぎ続けてきました。

私の手は包丁を押さえ続けてきたために、大きく変形しています。神経が無くなった指もあるし、いつも傷だらけです。でも、そんな私の手を、天国にいる母親は褒めてくれるのではないか。50年以上、研ぎの仕事を続けることができた今は、そんな風に思えるようになりました。こうして自分の本が出版されることを、きっと母も喜んでくれているでしょう。

最後なりましたが、こうして本を出版していただき、「研ぎの世界」に注目していただける機会を作っていただいたことを本当に嬉しく思います。出版に際してご協力いただいた皆様に、そして「坂下勝美の包丁」を愛用していただいているすべての皆様に、心より感謝申し上げます。

著者プロフィール

坂下 勝美（さかした かつみ）

1943年生まれ。地元の佐賀（みやき町）で、24歳の時に「研ぎの世界」へ。以来50年以上、包丁と向き合い続け、独学で唯一無二の研ぎの技術を習得した。1971年に二葉商会を設立。最高の切れ味と、切れ止まない持続性を誇る「研心　坂下勝美」の包丁は、一流の料理人たちからも絶大な評価を得ている。

［二葉商会］
〒849-0101　佐賀県三養基郡みやき町原古賀939-5
TEL：0942-94-4980　FAX：0942-94-4934

● 編　　集：亀高　斉
● 撮　　影：曽我浩一郎
● デザイン：佐藤暢美

研心　坂下勝美の包丁

唯一無二の研ぎの技術、新たな包丁理論の提言

発 行 日　2021年12月24日　初版発行
著　　者　坂下勝美（さかしたかつみ）
発 行 者　早嶋　茂
制 作 者　永瀬正人
発 行 所　株式会社 旭屋出版
〒160-0005
東京都新宿区愛住町23番地2　ベルックス新宿ビルⅡ6階
TEL：03-5369-6423（販売部）
TEL：03-5369-6424（編集部）
FAX：03-5369-6431
https://www.asahiya-jp.com
郵便振替 00150-1-19572

印刷・製本　株式会社シナノパブリッシングプレス

ISBN978-4-7511-1456-8 C2077